普通高等院校机械类专业系列教材

U0159606

SolidWorks 机械设计

实 例 教 程

主 编 郑晓虎 谷洲之

西安电子科技大学出版社

内 容 简 介

  SolidWorks 软件是一款专业提供三维设计、装配、工程分析、加工、产品数据管理功能的工程应用软件。软件以参数化特征造型为基础,具有功能强大、易学易用等特点。本书深入介绍了 SolidWorks 软件的基本界面、草图绘制、特征建模、零件高效设计、三维装配、动画仿真、工程图等内容。本书结合实例讲解操作方法,便于读者快速高效地掌握软件的使用方法。

  本书结构严谨、内容充实、体系全面、可操作性强,可作为高等院校机械类、近机类、非机类相关专业课程的教材,也可以作为对三维建模、运动仿真有兴趣的广大爱好者学习 SolidWorks 软件的工具书。

图书在版编目(CIP)数据

SolidWorks 机械设计实例教程 / 郑晓虎,谷洲之主编. —西安:西安电子科技大学出版社,2021.9(2023.4 重印)

ISBN 978–7–5606–6188–9

Ⅰ.①S… Ⅱ.①郑… ②谷… Ⅲ.①机械设计—计算机辅助设计—应用软件—教材 Ⅳ.①TH122

中国版本图书馆 CIP 数据核字(2021)第 175178 号

策　　划　李鹏飞
责任编辑　李鹏飞
出版发行　西安电子科技大学出版社(西安市太白南路 2 号)
电　　话　(029)88202421　88201467　　　　邮　　编　710071
网　　址　www.xduph.com　　　　　电子邮箱　xdupfxb001@163.com
经　　销　新华书店
印刷单位　咸阳华盛印务有限责任公司
版　　次　2021 年 9 月第 1 版　　2023 年 4 月第 3 次印刷
开　　本　787 毫米×1092 毫米　1/16　印张 17.5
字　　数　414 千字
印　　数　2501～4500 册
定　　价　59.00 元

ISBN 978–7–5606–6188–9 / TH

XDUP 6490001–3

前　言

　　SolidWorks 软件以其强大的功能、简洁易用的界面，在机械设计领域得到了广泛的使用，目前已成为业界领先的主流三维 CAD 系统解决方案，应用领域从机械设计扩展到车辆、医疗器械、家具、航空航天、电子电器、动画等诸多领域。

　　本书以机械零件设计为导向，系统介绍了使用 SolidWorks 软件进行机械零件三维设计的主流建模技术、零件装配方法、装配体动画及工程图的实现要领。

　　本书对软件的基本界面、工具栏及菜单栏等细节做了深入说明与详细的使用方法介绍，适合各类用户在短时间内快速掌握软件的操作要领。书中深入介绍了 SolidWorks 软件的草图(3D 草图)、特征建模、装配体、运动模拟及工程图模块，并通过 14 个具体的实例来讲解零件的高效设计要领，包括多实体技术、系列零件设计表、零件配置、库特征、方程式及 Toolbox 等工程中常见设计技术，可帮助使用者掌握三维设计的思路。

　　根据机械传动的类型，本书通过实例细致地讲述了带、链、齿轮、蜗轮蜗杆等常用传动件的装配方法，并给出了装配体动画实现的具体过程。结合工程图的要求，本书还给出了各类常见视图的产生方法及尺寸、公差、基准、粗糙度等的标注方法。

　　本书各章节均配置了一定数量的练习题，不仅可起到巩固所学知识和提高实战技能的效果，还能深入培养和建立三维建模、三维装配的思维方式并起到强化训练的目的，为进一步掌握产品设计中的虚拟样机技术奠定扎实的基础。

编者多年使用 SolidWorks 软件并讲授相关课程，希望能够以点带面展示 SolidWorks 的高效性能，让用户通过具体的设计过程来深入体会 SolidWorks 软件的具体功能模块，从而理解其设计思想及理念，为使用者在工程项目中能熟练使用 SolidWorks 软件、提高设计效率、降低工作强度奠定基础。

　　由于时间仓促，加之编者水平有限，书中难免会有不当之处，敬请广大读者批评指正。

编　者

2021 年 3 月

目　　录

1

第 1 章　SolidWorks 基础知识

【本章导读】

　　本章主要介绍 SolidWorks 软件常规操作及设置方法。主要包括基本界面、菜单、工具栏的认识和使用，文件的建立、打开、保存、关闭等操作方法；零件的显示、视图定向以及工具栏、插件的设置方法；另外还介绍了软件的帮助教程。通过本章内容的学习，读者应掌握 SolidWorks 文件的基本操作及界面的设置方法。

【本章知识点】

- ❖ 基本界面的认识
- ❖ 文件的常规操作
- ❖ 系统的通用设置
- ❖ 软件的帮助教程

1.1　SolidWorks 简介

　　SolidWorks 软件是世界上第一个基于 Windows 开发的三维机械设计系统，由于其创新的技术和良好的人机界面，1995 年问世后，很快就得到了广泛的应用。SolidWorks 公司也迅速成为 CAD/CAM 产业中获利最高的公司。SolidWorks 在 1995—1999 年获得全球微机平台 CAD 系统评比第一名；从 1995 年至今，已经累计获得十七项国际大奖，其中仅从 1999 年起，美国权威的 CAD 专业杂志 *Cadence* 连续 4 年授予 SolidWorks 最佳编辑奖，以表彰 SolidWorks 的创新、活力和简明。SolidWorks 所遵循的易用、稳定和创新三大原则，可帮助设计师缩短设计时间，所设计的产品可以快速、高效地投向市场。1997 年，法国达索公司将 SolidWorks 全资并购后，SolidWorks 三维机械设计软件即成为达索公司最具竞争力的产品之一。目前，SolidWorks 是全球装机量最大、使用最为广泛的三维 CAD/CAM 软件。作为一个基于造型的三维 CAD 软件，用户可以用它迅速画出 3D 效果的零件图，再用这些 3D 零件生成二维工程图和三维装配图。

1.1.1　基本特点

　　SolidWorks 是通过给定的尺寸来进行设计的，它可以给定各部分之间的尺寸和几何关系，改变给定的尺寸就会改变零件的大小和形状。SolidWorks 系统有三种格式文件：part(零件)、assembly(装配体)、drawing(工程图)。一个 SolidWorks 模型包括零件、装配体及工程图等，可以说零件、装配体和工程图是一个模型不同的表现形式，对其中任意一个的改动都会使其他两个自动跟着改变。在三维设计系统中，这三种文件是相关的，若在 part 中修改了某尺寸的大小，那么在 assembly 或 drawing 中，该尺寸也会发生相同的变化。如果该零件设计用于模具、加工，那么，由零件生成的模具或加工代码也随之发生变化。

1.1.2　软件界面

图 1-1 是 SolidWorks 装配体的基本界面。主要包括：

(1) 菜单栏：包含 SolidWorks 所有的操作命令。

(2) 工具栏：包含常用的特征按钮、草图命令按钮、工具等，可以重新排列工具条以适合需要；也可以在制图区的边缘引入工具条或者将其拉到制图区里，且随时可以移动。在这个窗口，可以做以下操作：

① 单击文件菜单以开始或退出零件图、装配图或视图。

② 单击视图的工具菜单或在工具条上单击右键来选择显示哪些工具条。视图菜单还可以隐藏或显示状态栏。

③ 单击工具菜单 SolidWorks 的选项，记录宏。

④ 单击右上角的最大化按钮使窗口全屏显示。

(3) 设计树：对于不同的操作类型(零件设计、工程图、虚拟装配)，设计树的内容是不同的。设计树记录了每一步操作内容，如添加一个特征、加入一个视图或插入一个零件等，通过设计树可以对具体的操作进行编辑、修改、删除等。

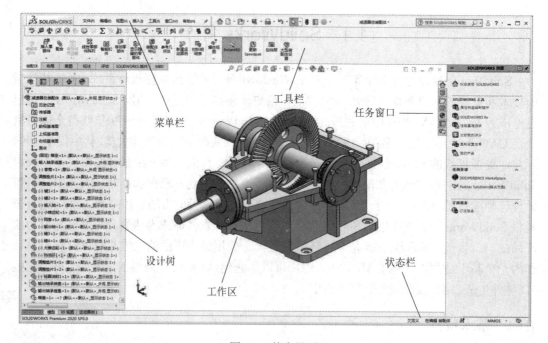

图 1-1　基本界面

(4) 工作区(图形区域)：是进行零件设计、工程图制作、虚拟装配的主要操作窗口。以后提到的草绘等操作均在这个区域中完成。

(5) 状态栏：显示目前操作的状态。

(6) 任务窗口：带有 SolidWorks 资源、设计库和文件探索器标签，可用于调用相关资源。

(7) 属性管理器：当编辑某一特征、选取尺寸或对象时，属性管理器会自动弹出，用于编辑相关参数。

1.1.3　文件操作

如前所述，SolidWorks 文件包括"零件""装配体"和"工程图"三种形式，SolidWorks 可以对这三种文件进行新建、打开、编辑、保存等操作。

1. 新建零件模型

生成一个新的文件，可单击工具条上的【新建】按钮▢，或选择菜单命令：【文件】|【新建】，则进入【新建 SOLIDWORKS 文件】对话框。如图 1-2 所示。单击【零件】【装配体】或【工程图】图标，再单击【确定】按钮，可以新建一个 SolidWorks 的"零件""装配体"或"工程图"文件。双击某个文件图标也可以新建该类文件。单击【高级】按钮可进入选择模板的高级用户界面，如图 1-3 所示。高级用户界面中各选项卡显示模板图标，当选择某一类型的文件时，预览框出现模板的预览界面。单击【新手】按钮可重新回到【新建 SOLIDWORKS 文件】界面。

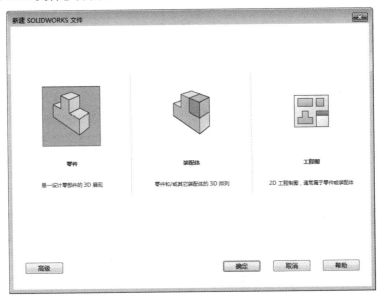

图 1-2　新建文件对话框

图 1-3 中右边对话框有三个按钮：▦(大图标)、▦(列表)、▦(列出细节)。单击▦按钮，则左侧框中零件、装配体和工程图将以大图标的方式显示；单击▦按钮，零件、装配体和工程图将以列表的方式显示；单击▦按钮，零件、装配体和工程图将以名称、文件大小及修改日期等细节方式显示。用户可以根据实际情况选择使用。

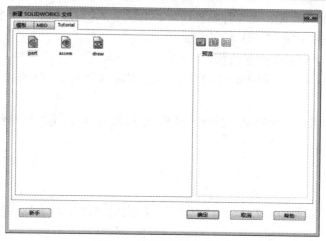

图 1-3　对话框的高级界面

2. 打开零件模型

1) 模型操作

在应用 SolidWorks 打开零件模型时，用户可以利用【视图】菜单栏(见图 1-4)，或者用前导视图工具条(见图 1-5)中的各项命令进行图形的显示、隐藏、剖视的控制和操作，也可以编辑零件的材料外观、显示背景等。鼠标掠过图标时，会自动显示图标的功能说明及下拉选项。

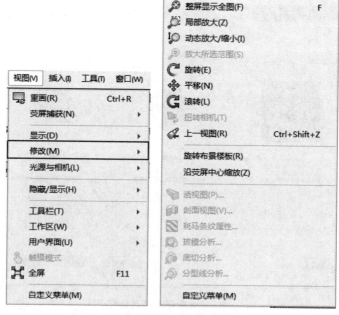

图 1-4　视图菜单

图 1-5　前导视图工具条

2) 使用鼠标进行模型操作

可以使用鼠标进行模型的缩放、移动、旋转操作。三键鼠标的用法如下：

(1) 中键(或 Alt+中键)：旋转。

(2) Shift+中键：缩放。

(3) Ctrl+中键：移动。

(4) 滚动滚轮：缩放。

3) 零件的显示类型

要在不同模式下显示零件，可在显示工具条的模式按钮上单击【线架图】|【消除隐藏线】或【上色】。也可以通过选择视图，改变显示的模式。零件和装配体默认的显示模式为着色，需要的时候可以改变模式。图 1-6 给出了视图的不同显示类型。

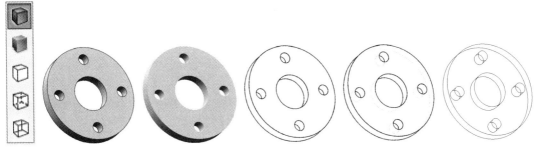

图 1-6　视图显示类型

4) 使用视图定向

模型视图方向可以采用如图 1-7 所示的工具栏视图按钮，或者采用前导视图工具条按钮进行选择。视图显示箱决定了零件或装配体显示的方位。在绘制零件或装配件的时候，让图 1-8 所示的视图显示箱处于可视状态是很方便的。

图 1-7　工具栏视图按钮

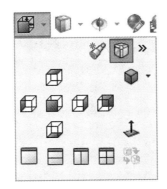

图 1-8　视图显示箱

(1) 单击 ⬛ 按钮，或者直接按下空格键，显示视图显示箱。

(2) 把视图显示箱拖到一个方便的位置。

(3) 可以保持列表位于所有窗口的上方，并始终可视。

(4) 双击一个视图的图标就可以打开该视图。当前视图的名字在视图定向中以高亮度显示。SolidWorks 软件默认的标准视图有以下几种形式：前视、后视、上视、下视、左视、右视、正视、等轴测、左右二等角轴测、上下二等角轴测。

(5) 多视图显示。

图 1-8 视图显示箱中最后一行工具按钮可以设定视图的数量，最多可以在一个窗口中显示一个零件的四个不同的视图。这在选择一个零件的不同侧面的特征，或者想同时查看同一模型不同侧面的操作效果时是非常有用的。当在一个视图中选中一个特征后，这个特征就在所有视图中被选中了。轴测视图可以单独操作，其他视图的操作则具有联动性。图 1-9 给出了多视图显示效果。

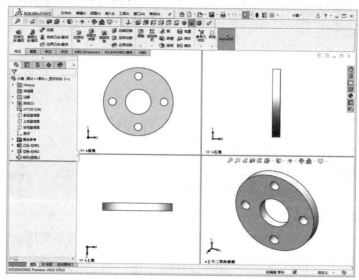

图 1-9　多视图显示

3. 保存零件模型

单击标准工具条上的按钮🖳，或者单击【文件】|【保存】。则弹出如图 1-10 所示的【另存为】对话框。输入"小盖"，然后单击【保存】按钮。SolidWorks 把扩展名".sldprt"加到文件名后，然后在当前目录下(SolidWorks 中的文件名不区分大小写)保存文件。

图 1-10　模型保存界面

图 1-10 所示对话框中部分选项的功能如下：

(1) 地址栏：用于选择文件存放的地址。

(2) 文件名：在该下拉列表框中可以输入自定义文件名，也可以使用默认的文件名，如"零件 1""零件 2"等。

(3) 保存类型：用于选择所保存文件的数据类型。除了 SolidWorks 文件外，系统还可以保存为其他格式的数据类型，如".iges"".step"".prt"等，以方便其他软件调用。图 1-11 为可保存的数据类型。

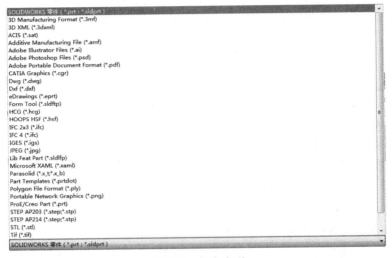

图 1-11　保存类型

1.1.4　退出 SolidWorks

文件保存完成后，用户可以退出系统。选择【文件】菜单中的【退出】命令，或单击界面右上角的关闭按钮退出。如果对文件进行了编辑修改并退出系统，则会跳出提示保存的信息框。如果不想保存可以点击【不保存】。若选择【全部保存】，则对文件进行保存操作，如继续模型操作可单击【取消】按钮，回到原来操作界面，如图 1-12 所示。

图 1-12　提示保存的信息框

1.2　基 本 配 置

SolidWorks 软件使用时一般需要根据使用情况进行基本的设置。

1.2.1 系统设置

通过工具菜单打开系统选项对话框,如图 1-13 所示,可以根据自己的使用习惯或国家标准进行必要的设置。

1. 系统选项

部分系统选项含义如下:

(1) 普通:定义最近文档数量、输入尺寸值、使用英文菜单、采用上色面高亮显示等。

(2) 工程图:设置局部视图的比例、显示类型、剖面线等。

(3) 颜色:按自己的习惯定义工作环境的颜色。

(4) 草图:在绘制草图时,需要设置的项目、几何关系捕捉等。

(5) 显示:定义隐藏线的类型、上色模式下边线的显示、尺寸注释的显示等。

(6) 性能:设定模型显示细节、上色预览、磁力配合、配合速度等。

(7) 装配体:设置零件存在方式,以轻化模式打开零部件。

(8) 外部参考:允许创建模型外部参考、文件替换时更新零件名等。

(9) 默认模板:定义模型、图纸、装配的默认模板文件。

(10) 文件位置:定义默认特征调色板、零件调色板、图纸格式文件位置等。

(11) FeatureManager:设定特征操作命名、高亮显示、重命名零部件文件等。

(12) 选值框增量值:定义选值框增量值。

(13) 视图:定义使用方向键和鼠标进行旋转的角度增量。

(14) 备份/恢复:定义备份文件的位置以及版本数量。

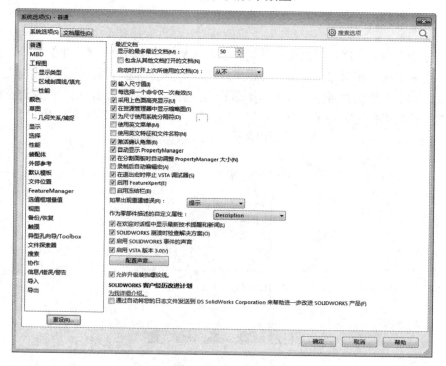

图 1-13   系统选项

2. 文档属性

文档属性中部分选项的说明如下(如图 1-14 所示)：

(1) 绘图标准：设置绘图标准、注释标注表中字母大写；注解文本字体、位置水平折线、螺纹标注显示类型；尺寸显示模式；表格单元格尺寸；公差设定等。

(2) 出详图：设置显示过滤器、显示文字比例、注解等。

(3) 网格线/捕捉：设置网格线间距、虚线、比例等。

(4) 单位：定义单位系统。

(5) 模型显示：定义模型特征颜色。

(6) 材料属性：定义模型材料密度、剖面线样式等。

(7) 图像品质：设定模型显示误差、品质、分辨率等。

图 1-14　文档属性

1.2.2　工具栏设置

工具栏可以根据使用情况进行定制，操作方法有如下几种：

(1) 工具栏显示/隐藏：将鼠标定位于空白的工具栏旁边，单击右键，弹出如图 1-15 所示对话框，打"√"的工具栏表示显示，否则为隐藏。

(2) 使用菜单：选择【工具】|【自定义】命令，选择【工具栏】标签，选中需要显示的工具栏，还可以定义工具栏图标的大小。

(3) 工具栏的移动：按住工具栏的竖线并拖动，可以移动工具栏，可以定位于顶端、底端、左边、右边或浮动于屏幕上。

(4) 工具栏内容的增减：单击菜单【工具】|【自定义】，选中【命令】标签。

图 1-15　自定义工具栏

如图 1-16 所示，可以拖动一图标移动到某工具栏；或从某工具栏中拖回到按钮栏中，取消在该工具栏的显示；也可以拖动工具栏中的图标到前后位置，改变图标位置。

图 1-16　自定义命令按钮

1.2.3　插件设置

SolidWorks 有很多插件并没有显示在命令管理器中，在菜单栏选择【工具】，在下拉菜单中单击【插件】，出现如图 1-17 所示对话框。对话框包含"SOLIDWORKS Premium 插件"和"SOLIDWORKS 插件"，"SOLIDWORKS Premium 插件"添加后将出现在菜单栏中，"SOLIDWORKS 插件"添加后则置于命令管理器中。勾选要添加插件的复选框，然后单击【确定】按钮，即可完成插件的添加。

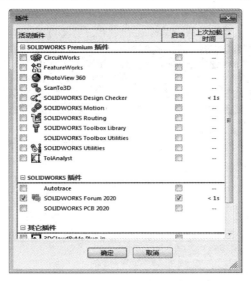

图 1-17 定义插件对话框

1.3 帮助与教程

SolidWorks 为用户提供了方便快捷的帮助文档，在使用各功能模块时可以通过帮助文档来查询操作过程及要点，同时还为用户提供了全面细致的指导教程。SolidWorks 帮助分为本地帮助文件和 Web 帮助文档。

(1) 单击菜单栏【帮助】，可以打开帮助窗口，如图 1-18 所示。

(2) 单击【帮助】，在对话框中按 F1 键可以访问上下文相关帮助。

SolidWorks 指导教程包括 SolidWorks 入门、零件建模、装配体及工程图等。在帮助菜单中，可以打开范例形式的指导教程，如图 1-19 所示。

图 1-18 帮助窗口

图 1-19　指导教程

练　习　题

1. 按图 1-13、图 1-14 所示设置软件。

2. 打开 SolidWorks 文件，进行视图的显示、隐藏、剖视的控制和操作，并保存文件为不同的格式。

第 2 章 草 图

 【本章导读】

SolidWorks 建模是从二维草图开始的，由二维草图生成特征，再产生三维零件。三维建模的基础就是二维草图的绘制，这也是零件三维建模的出发点。良好的二维草图能有效地提高三维模型的建模效率与模型的可编辑性。一个完整的草图包括具体的几何形状、尺寸关系、标注等要素。本章详细介绍草图基本工具、绘制方法、编辑技术及尺寸约束方法。通过本章内容的学习，读者应掌握二维草图的绘制方法及编辑、约束操作，了解三维草图基本操作。

 【本章知识点】

❖ 草图基本设置及工具栏
❖ 草图绘制的常规操作
❖ 草图编辑技术
❖ 草图的约束与标注
❖ 三维草图基本操作

2.1 SolidWorks 草图基础

草图有二维草图和三维草图之分。二维草图是位于空间的点、线的组合，使用三维草图可以作为扫描特征的扫描路径、放样或扫描的引导线、放样的中心线等。一般情况下，没有特殊说明时，草图均指二维草图。本节主要介绍草图的基本操作、草图绘制工具及尺寸标注的方法。

2.1.1 图形区域

二维草图必须选择一个具体的绘制平面作为作图的区域。绘图平面可以是基准面，也可以是三维模型上的一个平面，还可以是用户使用菜单命令【工具】|【参考几何体】|【基准面】创建的基准平面。初始进入草图绘制状态时，系统默认三个基准面：前视基准面、右视基准面、上视基准面。零件初始草图绘制一般是从系统默认的三个基准面开始的。

1. 草图工具栏

SolidWorks 提供了直线、圆、矩形、样条曲线等草图实体绘图工具，可以方便地绘制简单的草图图形。通过工具栏上的草图按钮可以选择各种草图实体绘制工具，如图 2-1 所示。草图工具栏并不一定包括所有的草图实体绘制工具按钮，可以根据自己的需要进行工具栏设置。在菜单栏【工具】选项下，单击【自定义】，勾选【草图】选项就可以调出草图工具栏。根据视图情况可以拖动到工具栏或视图左右两侧。

图 2-1 草图工具栏

2. 状态栏

绘图区底部有草图状态栏，如图 2-2 所示。在草图状态框中，可以显示当前鼠标的位置坐标、草图编辑状态等实时信息。任何时候，草图都处于三种状态之一。这三种状态分别是：欠定义、完全定义和过定义。草图状态由草图中的几何体与定义尺寸之间的几何关系来决定。欠定义是指草图的不充分定义状态，但这个草图仍可以用来创建特征。欠定义是很有用的，因为在零件早期设计阶段的大部分时间里，并没有足够的信息来对草图进行完全的定义。随着设计的深入，会逐步得到更多有用信息，可以随时为草图添加其他定义。欠定义状态下绘制的几何体是蓝色的(默认设置)。完全定义是指草图具有完整的信息。完全定义的草图几何元素是黑色的(默认设置)。一般来说，当零件最终设计完成，要进行下一步加工时，零件的每一个草图都应该是完全定义的。过定义是指草图中有重复的尺寸或互相冲突的约束关系，直到修改后才能使用，设计中应该删除多余的尺寸和约束。过定义的几何体是红色的(默认设置)。

> -30.07mm -88.33mm 0.00mm 欠定义 在编辑 草图1

图 2-2 草图状态栏

3. 草图原点

系统默认草图原点位于草图的左下角。

2.1.2 绘图基本流程

草图绘制的基本流程如下：

(1) 新建文件，指定如图 2-3 所示的基准面作为绘图平面。

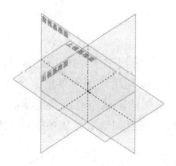

图 2-3 基准面

(2) 点击工具栏按钮▢，进入草图绘制环境，设定单位制等选项，如图 2-4 所示。

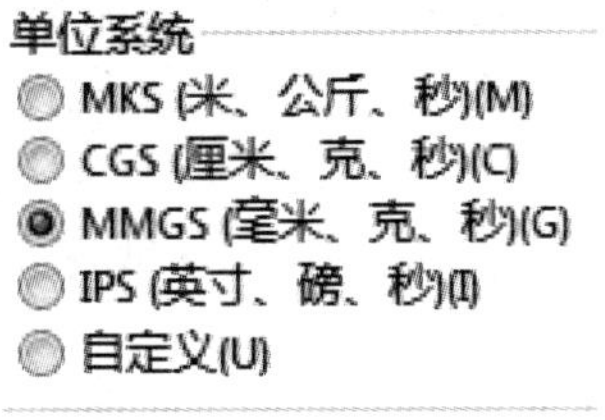

单位系统
- ◯ MKS (米、公斤、秒)(M)
- ◯ CGS (厘米、克、秒)(C)
- ◉ MMGS (毫米、克、秒)(G)
- ◯ IPS (英寸、磅、秒)(I)
- ◯ 自定义(U)

图 2-4　设定单位制

(3) 绘制草图，如图 2-5(a)所示；添加几何约束，如图 2-5(b)所示。

(4) 尺寸标注，如图 2-5(c)所示。

(5) 保存、关闭草图或进行其他操作。

草图绘制完毕后，可立即建立特征，也可以退出草图绘制再建立特征。退出草图的方法有下列几种：

(1) 使用菜单命令：【插入】|【退出草图】。

(2) 单击【标准】工具栏的 ▣ (重建模型)按钮。

(3) 单击图形区确认图标↵，退出草图绘制状态。

(4) 单击工具栏退出图标↵，退出草图绘制状态。

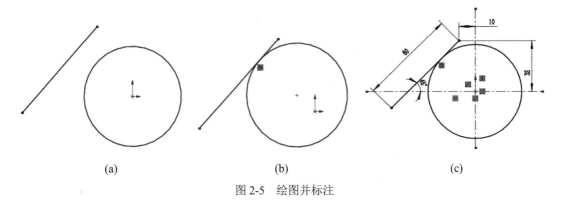

(a)　　　　　　　　　　　　(b)　　　　　　　　　　　　(c)

图 2-5　绘图并标注

2.1.3　草图选项

草图绘制前，一般需要进行基本选项的设定。

1. 草图的系统选项设定

选择【工具】|【选项】菜单命令，弹出系统选项对话框，选择草图选项进行设置，如图 2-6 所示，单击【确定】按钮。

部分系统选项含义如下：

(1) 使用完全定义草图：必须完全定义用来生产特征的草图。

(2) 在零件/装配体草图中显示圆弧中心点：草图中显示圆弧中心点。

(3) 在零件/装配体草图中显示实体点：草图实体的端点以实心原点的方式显示。该原点的颜色反映草图实体的状态，过定义的点与悬空的点会显示出来。

（4）提示关闭草图：如果产生开环轮廓，且可以用模型边线封闭的草图，系统会弹出提示信息"封闭草图至模型边线？"，可选择用模型的边线封闭草图轮廓。

（5）打开新零件时直接打开草图：新零件窗口在基准面中打开，可以直接使用草图绘制工具绘制图形。

（6）尺寸随拖动/移动修改：可以拖动草图实体或在移动、恢复属性管理器中移动实体以修改尺寸值，拖动后尺寸自动更新。

（7）上色时显示基准面：在上色模式下编辑草图时，基准面着色。

（8）以 3d 在虚拟交点之间所测量的直线长度：从虚拟交点处开始(而不是三维草图中的端点)测量直线长度。

（9）激活样条曲线相切和曲率控标：为相切和曲率显示样条曲线控标。

（10）默认显示样条曲线控制多边形：显示控件中用于操纵对象形状的一系列控制点。

（11）拖动时的幻影图像：在拖动草图时显示草图实体原有位置的幻影图像。

（12）过定义尺寸选项组：过定义尺寸添加到草图时，系统会询问尺寸是否从动或系统默认从动。

图 2-6　草图的系统选项

2. 草图设定菜单

选择【工具】|【草图设定】菜单命令，弹出草图设定菜单，如图 2-7 所示，在此菜单中可以使用草图的多项设定。

各选项的含义如下：

(1) 自动添加几何关系：在添加草图实体时自动建立几何关系。

(2) 自动求解：在产生零件时自动求解草图几何体。

(3) 激活捕捉：激活快速捕捉功能。

(4) 上色草图轮廓：对草图轮廓做上色处理。

(5) 移动时不求解：可在不解出尺寸或几何关系的情况下，在草图中移动实体。

(6) 独立拖动单一草图实体：可从实体中拖动单一草图实体。

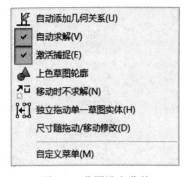

图 2-7　草图设定菜单

(7) 尺寸随拖动/移动修改：拖动草图实体或在属性管理器中将其移动以覆盖尺寸。

3. 草图网格线与捕捉

如图 2-8 所示，可以选择在当前草图上显示网格线，激活几何关系捕捉功能，以方便作图。

图 2-8　几何关系捕捉

2.1.4　草图工具

草图工具可以通过菜单进行选择，如图 2-9 所示。草图工具栏按钮的增减可以通过选择菜单栏命令【工具】|【自定义】|【命令】|【草图】，在打开的对话框中进行拖动编辑，如图 2-10 所示。

图 2-9　草图工具菜单

图 2-10　草图工具按钮

1. 绘制工具

绘制工具主要有：点、中心线、直线、圆心/起/终点画弧、切线弧、三点圆弧、圆、周边圆、椭圆、部分椭圆、矩形、多边形、平行四边形、抛物线、样条曲线、曲面上的样条曲线和文字等。具体见表 2-1。

表 2-1 草图绘制工具

图标	名 称	功 能 说 明
＼	直线	以起点、终点的方式绘制一条直线
□	矩形	以对角线的起点和终点的方式绘制矩形，其一边为水平或竖直
▣	中心矩形	在中心点绘制矩形草图
◇	3 点边角矩形	以所选的角度绘制矩形草图
◈	3 点中心矩形	以所选的角度绘制带有中心点的矩形草图
▱	平行四边形	生成边不为水平或竖直的平行四边形及矩形
▭	直槽口	单击以指定槽口的起点。移动指针然后单击以指定槽口长度、宽度，绘制直槽口
▭	中心点直槽口	生成中心点槽口
⌒	三点圆弧槽口	利用三点绘制圆弧槽口
⌒	中心点圆弧槽口	通过移动指针来指定槽口长度、宽度，绘制圆弧槽口
⬡	多边形	生成边数在 3～40 之间的等边多边形
⊘	圆	指定圆心，拖动光标以确定半径的方式绘制一个圆
⊕	周边圆	以圆周直径的两点方式绘制一个圆
⋱	圆心/起/终点画弧	以顺序指定圆心、起点以及终点的方式绘制圆弧
⊃	切线弧	绘制一条与草图实体相切的弧线，可以根据草图实体自动确认是法向相切还是径向相切
⌒	三点圆弧	以顺序指定起点、终点及中点的方式绘制一个圆弧
⊘	椭圆	以先指定圆心，然后指定长、短轴的方式绘制一个完整的椭圆
⌒	部分椭圆	以先指定中心点，然后指定起点及终点的方式绘制一部分椭圆
∪	抛物线	以先指定焦点，再拖动光标确定焦距，然后指定起点和终点的方式绘制一条抛物线
∿	样条曲线	以不同路径上的两点或多点方式绘制一条样条曲线，可以在端点处指定相切
∿	曲面上样条曲线	在曲面上绘制样条曲线，可以沿曲面添加和拖动点生成
∿	方程式驱动曲线	通过定义曲线的方程式来生成曲线
■	点	绘制一个点，可以在草图和工程图中绘制
┆	中心线	绘制一条中心线，可以在草图和工程图中绘制
A	文字	在特征表面添加文字草图

2. 编辑工具

编辑工具主要有：转换实体引用、相贯线、面部曲线、镜像实体、动态镜像实体、绘制圆角、绘制倒角、等距实体、从选择生成草图、剪裁实体、延伸实体、分割实体、构造几何线、线性草图阵列和复制、圆周草图阵列和复制、封闭草图到模型边线、移动草图、复制草图、旋转草图、按比例缩放草图、修改草图、修复草图、检查草图合法性、无解移动和插入图画等。具体见表 2-2。

表 2-2　草图编辑工具

图标	名　称	功　能　说　明
仁	构造几何线	将草图中或工程图中的草图实体转换为构造几何线，构造几何线的线型与中心线相同
⌐	绘制圆角	在两个草图实体的交叉处倒圆角，从而生成一个切线弧
⌐	绘制倒角	此工具在二维和三维草图中均可使用，在两个草图实体交叉处按照一定角度和距离剪裁，并用直线相连，形成倒角
⊏	等距实体	按给定的距离等距一个或多个草图实体，可以是线、弧、环等草图实体
⬚	转换实体引用	将其他特征轮廓投影到草图平面上，形成一个或多个草图实体
✸	交叉曲线	在基准面和曲面或模型面、两个曲面、曲面和模型面、基准面和整个零件的曲面交叉处生成草图曲线
✸	面部曲线	从面或曲面提取 ISO 参数，形成三维曲线
半	剪裁实体	根据剪裁类型，剪裁或者延伸草图实体
T	延伸实体	将草图实体延伸以与另一草图实体相遇
✎	分割实体	将一个草图实体分割以生成两个草图实体
⊪	镜像实体	相对一条中心线生成对称的草图实体
⊪	动态镜像实体	适用于 2D 草图或在 3D 草图基准面上所生成的 2D 草图
⊞	线性草图阵列	沿一个轴或同时沿两个轴生成线性草图排列
⊹	圆周草图阵列	生成草图实体的圆周排列

2.2　绘制草图方法

草图绘制一般通过单击对应的绘制工具按钮来实现。

2.2.1　点、直线(中心线)

点、直线(中心线)命令说明如下。

1. 点

单击【草图】工具栏里的 ■(点)按钮，或者选择菜单栏中的【工具】|【草图绘制实体】

|【点】命令，具体操作步骤如下：

(1) 在图形区域单击鼠标左键确定点的位置，放置点如图 2-11 所示，出现如图 2-12 所示的【点】属性管理器。

图 2-11 绘制点　　　　　图 2-12 【点】属性管理器

(2) 在【点】属性管理器【添加几何关系】区域为点添加相应的几何关系。

(3) 在【控制顶点参数】区域中为点设置坐标。

2. 直线(中心线)

单击【草图】工具栏里的 ✎(直线)按钮，或者选择菜单栏中的【工具】|【草图绘制实体】|【直线】命令，具体操作步骤如下：

(1) 在图形区域的适当位置单击鼠标左键，确定直线的起点，拖动指针。

(2) 将指针移动到直线的终点后单击，完成直线绘制，如图 2-13 所示。

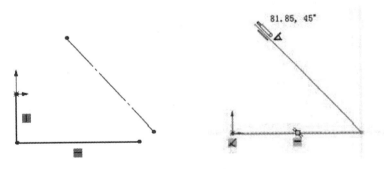

图 2-13 绘制直线

(3) 通过拖动可以修改直线，进行以下操作之一：

① 如要改变直线的长度，则选择一个端点并拖动来延长或缩短直线。

② 如要移动直线，则选择该直线拖动到另一个位置。

③ 如要改变直线的角度，则选择一个端点并拖动改变直线的角度。

(4) 当绘制完成的直线属性需要进行修改时，选择直线，在出现如图 2-14 所示的【线条属性】管理器中编辑其属性。

(5) 利用【添加几何关系】区域将几何关系添加到所选实体，此处的清单中只包括所选实体可能使用的几何关系。

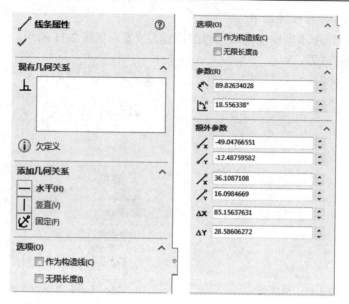

图 2-14 　【线条属性】管理器

（6）在【选项】区域中选择【作为构造线】复选框，可以将实体转换到构造几何线；选择【无限长度】复选框，可以生成一条无限长度直线。

（7）如果直线不受几何关系约束，则可以在【参数】区域中指定以下参数的任何适当组合来定义直线。

① 选项：可以修改直线的长度。

② 选项：可以修改直线的角度。

（8）【额外参数】区域的图标选项含义：

① 选项：修改直线开始点 X 坐标。

② 选项：修改直线开始点 Y 坐标。

③ 选项：修改直线结束点 X 坐标。

④ 选项：修改直线结束点 Y 坐标。

⑤ ΔX 选项：修改直线的 ΔX，即开始点和结束点 X 坐标之间的差异。

⑥ ΔY 选项：修改直线的 ΔY，即开始点和结束点 Y 坐标之间的差异。

（9）单击【线条属性】管理器中的 按钮，完成对直线参数的修改。

2.2.2　圆、圆弧

圆、圆弧命令说明如下。

1. 绘制圆

单击【草图】工具栏里的 (圆)按钮，或者选择菜单栏中的【工具】|【草图绘制实体】|【圆】命令，指定圆的圆心以及半径，具体操作步骤如下：

（1）执行草图绘制命令中的【圆】命令。

（2）在图形区域的适当位置单击鼠标左键，确定圆的圆心，开始圆的绘制。

（3）移动指针并单击鼠标左键来确定圆的半径。在确定了圆的圆心之后拖动鼠标，圆的尺寸会动态地显示出来，如图 2-15 所示。

(4) 可以将鼠标放置在圆的边缘或是圆心上，通过拖动来修改圆的属性。

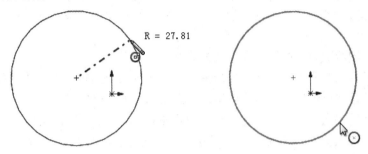

图 2-15 绘制圆

提示： 在打开的草图中可以拖动圆的边线远离其中心来放大圆；可以拖动圆的边线靠近其中心来缩小圆；可以拖动圆的中心来移动圆。

(5) 在打开的草图中选择圆，在如图 2-16(a)所示的【圆】属性管理器中编辑其属性。

(6) 在【添加几何关系】区域中将几何关系添加到所选实体，区域清单中只包括所选实体可能使用的几何关系。

(7) 选择【作为构造线】复选框可以将实体转换为构造几何线。

(8) 在【参数】区域中可以指定以下参数的任何适当组合来定义圆。

① 选项：修改圆心 X 坐标。

② 选项：修改圆心 Y 坐标。

③ 选项：修改圆的半径。

(9) 参数修改结束后，单击【圆】属性管理器中的 按钮，完成修改。

(a)　　　　　　　　　　　　(b)

图 2-16 【圆】与【圆弧】属性管理器

2. 绘制周边圆

单击【草图】工具栏里的 ⬭(周边圆)按钮，或者选择菜单栏中的【工具】|【草图绘制实体】|【周边圆】命令，指定圆周上的三个点，即可在工作窗口中，加入一个圆草图图形。具体操作步骤如下：

(1) 执行草图绘制命令中的【周边圆】命令。

(2) 在图形区域的适当位置单击鼠标左键，确定圆周上的第一点，开始圆的绘制。

(3) 移动指针并在图形区域的适当位置单击鼠标左键，确定圆周上的第二点。

(4) 移动指针并在图形区域的适当位置单击鼠标左键，确定圆周上的第三点。在确定了圆周上的第一点之后拖动鼠标，圆的尺寸会动态地显示，如图 2-17 所示。

(5) 设置周边圆属性的方法与设置圆属性的方法相同，这里不再赘述。

(6) 各参数修改结束后，单击【圆】属性管理器中的 ✔按钮，完成绘制。

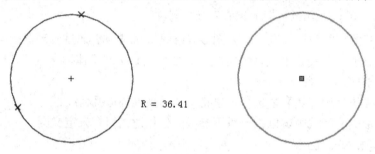

图 2-17　绘制周边圆

3. 圆心/起/终点画弧工具的使用

单击【草图】工具栏里的 ⬭(圆心/起/终点画弧)按钮，或者选择菜单栏中的【工具】|【草图绘制实体】|【圆心/起/终点画弧】命令，在工作窗口中绘制圆弧。具体操作步骤如下：

(1) 执行草图绘制命令中的【圆心/起/终点画弧】命令。

(2) 在图形区域的适当位置单击鼠标左键，确定圆弧的圆心。

(3) 移动鼠标确定圆弧的起点位置，同时确定圆弧半径，如图 2-18 所示。

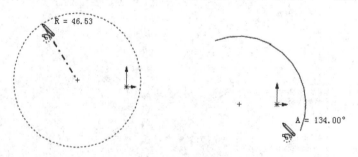

图 2-18　绘制圆弧

(4) 单击鼠标左键以放置圆弧，这样一个圆弧就绘制完成了。

(5) 选择圆弧，在图 2-16(b)所示的【圆弧】属性管理器中修改圆弧属性。

(6) 在【添加几何关系】区域中将几何关系添加到所选实体，区域清单中只包括所选实体可能使用的几何关系。

(7) 在【选项】区域中选择【作为构造线】复选框，将实体转换到构造几何体。

(8) 如圆弧无几何关系约束，可以在"参数"区域中更改一个或多个参数。

① 选项：修改圆弧圆心 X 坐标；选项：修改圆弧圆心 Y 坐标。

② 选项：修改圆弧开始点 X 坐标；选项：修改圆弧开始点 Y 坐标。

③ 选项：修改圆弧结束点 X 坐标；选项：修改圆弧结束点 Y 坐标。

④ 选项：修改圆弧的半径；选项：修改圆弧的角度。

(9) 修改结束后，单击【圆弧】属性管理器中的✔按钮，完成修改。

4. 切线弧工具的使用

单击【草图】工具栏里的(切线弧)按钮，或者选择菜单栏中的【工具】|【草图绘制实体】|【切线弧】命令，即可绘制切线弧，具体操作步骤如下：

(1) 执行草图绘制命令中的【切线弧】命令。

(2) 将鼠标移动到直线、圆弧、椭圆或样条曲线的端点处，此时单击指针。

(3) 移动鼠标确定圆弧的终点位置，同时确定圆弧半径，如图 2-19 所示。

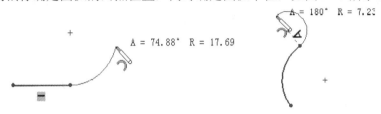

图 2-19　绘制切线弧

(4) 利用上面介绍的方法在【圆弧】属性管理器中修改圆弧的属性。

(5) 各参数修改结束后，单击✔按钮，完成对圆弧参数的修改。

5. 三点圆弧工具的使用

选择好基准面之后，单击【草图】工具栏里的(三点圆弧)按钮，或者选择菜单栏中的【工具】|【草图绘制实体】|【三点圆弧】命令，指定圆弧边缘上的三个点位置，即可在工作窗口中加入一个圆弧草图图形。

在图形窗口中利用三点圆弧工具绘制圆弧草图图形的具体操作步骤如下：

(1) 执行草图绘制命令中的【三点圆弧】命令。

(2) 将鼠标移动到图形界面中，单击指针确定圆弧的起点位置。

(3) 移动鼠标确定圆弧的终点位置。调整鼠标的位置，如果圆弧已经达到要求，则单击鼠标确定圆弧的半径，绘制过程如图 2-20 所示。

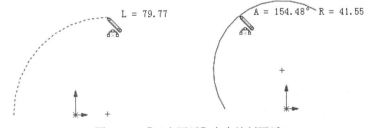

图 2-20　【三点圆弧】命令绘制圆弧

(4) 利用上面介绍的方法，在【圆弧】属性管理器中修改圆弧属性。

(5) 参数修改结束后，单击属性管理器中的✔按钮，完成修改。

2.2.3　椭圆、部分椭圆

椭圆、部分椭圆命令说明如下。

1. 绘制椭圆

选择好基准面之后，单击【草图】工具栏里的⊙(椭圆)按钮，或者选择菜单栏中的【工具】|【草图绘制实体】|【椭圆(长短轴)】命令，指定椭圆的圆心以及长短轴，即可在工作窗口中加入一个椭圆草图图形。

在图形窗口中绘制椭圆草图的具体操作步骤如下：

(1) 执行草图绘制命令中的【椭圆(长短轴)】命令。

(2) 在图形区域的适当位置单击鼠标左键，确定椭圆的圆心，开始椭圆的绘制。

(3) 移动指针并单击鼠标左键来确定椭圆的长轴。

(4) 移动指针并单击鼠标左键来确定椭圆的短轴。在确定了椭圆的圆心之后拖动鼠标，椭圆的属性尺寸会动态地显示，如图 2-21 所示。

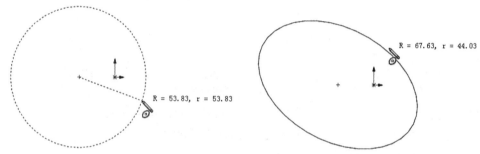

图 2-21　绘制椭圆

(5) 选择需要改变属性的椭圆，在如图 2-22 左所示的【椭圆】属性管理器中编辑其属性。

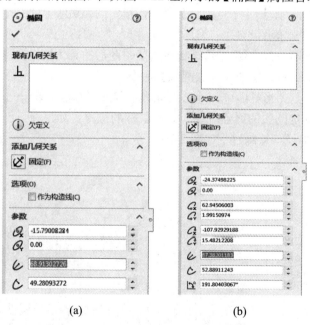

(a)　　　　　　　　　(b)

图 2-22　椭圆与部分椭圆属性管理器

(6) 在【添加几何关系】区域中选择合适的几何关系将其添加到所选实体,区域清单中只包括所选实体可能使用的几何关系。

(7) 在【选项】区域中选择【作为构造线】复选框,将实体转换为构造几何线。

(8) 如果椭圆不受几何关系约束,在【参数】区域中可以指定以下参数的任何适当组合来定义圆。

① $\mathcal{O}_x$ 选项:修改椭圆中心 X 坐标值; $\mathcal{O}_y$ 选项:修改椭圆中心 Y 坐标值。

② $\mathcal{L}$ 选项:修改椭圆的第一半径; $\mathcal{L}$ 选项:修改椭圆的第二半径。

(9) 参数修改结束后,单击【椭圆】属性管理器中的 ✔ 按钮,完成修改。

2. 绘制部分椭圆

选择好基准面之后,单击【草图】工具栏里的 ⚙(部分椭圆)按钮,或者选择菜单栏中的【工具】|【草图绘制实体】|【部分椭圆】命令,指定椭圆的圆心以及长短轴,即可在工作窗口中加入一个部分椭圆草图图形。

在图形窗口中绘制部分椭圆的具体操作步骤如下:

(1) 执行草图绘制命令中的【部分椭圆】命令。

(2) 在图形区单击鼠标左键,确定椭圆的圆心,开始部分椭圆的绘制。

(3) 移动指针并单击鼠标左键来确定椭圆的长轴。

(4) 移动指针并单击鼠标左键来确定椭圆的短轴。

(5) 绕圆周拖动指针来定义椭圆的范围,单击来完成部分椭圆的绘制。在确定了部分椭圆的圆心之后拖动鼠标,部分椭圆的属性尺寸会动态地显示,如图 2-23 所示。

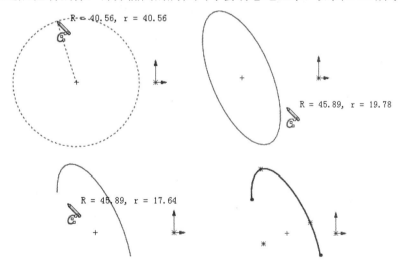

图 2-23 绘制部分椭圆

(6) 在打开的草图中选择部分椭圆,在出现如图 2-22(b)所示的部分【椭圆】属性管理器中编辑修改其属性。

(7) 其中主要选项与椭圆工具相同,部分椭圆所特有的一些参数如下:

① $\mathcal{C}_x$ 选项:修改部分椭圆起始点 X 坐标; $\mathcal{C}_y$ 选项:修改部分椭圆起始点 Y 坐标。

② C_x选项：修改部分椭圆终止点 X 坐标；C_y选项：修改部分椭圆终止点 Y 坐标。

③ 选项：修改部分椭圆的角度。

(8) 各参数修改结束后，单击部分【椭圆】属性管理器中的 ✔ 按钮，完成对部分椭圆参数的修改。

2.2.4 矩形、平行四边形、多边形

矩形、平行四边形、多边形命令说明如下。

1. 绘制矩形

选择好基准面之后，单击【草图】工具栏里的 ▭ (矩形)按钮，或者选择菜单栏中的【工具】|【草图绘制实体】|【矩形】命令，指定矩形的起点以及终点位置，即可在工作窗口中加入一个矩形草图图形。

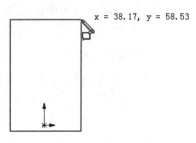

图 2-24　绘制矩形

在图形窗口中绘制矩形的具体操作步骤如下：

(1) 执行草图绘制命令中的【矩形】命令。

(2) 在图形区域的适当位置单击鼠标左键，确定矩形的起点，开始矩形的绘制。

(3) 拖动鼠标，当矩形的大小和形状正确时释放鼠标即可创建矩形；或者移动指针到合适的位置单击(单击-单击模式)创建矩形。

在拖动鼠标时，矩形的尺寸会动态地显示，如图 2-24 所示。

(4) 更改矩形的大小和形状时，可以在打开的草图中拖动一个边或顶点。

(5) 改变矩形中各边的属性，可以选择矩形，并在如图 2-25 所示的【矩形】属性管理器中编辑属性。

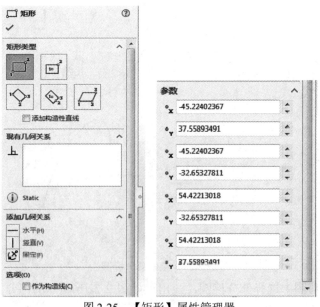

图 2-25　【矩形】属性管理器

2. 绘制边角矩形与平行四边形

选择好基准面之后，单击【草图】工具栏里的 ◇(3 点边角矩形)按钮，或者选择菜单栏

中的【工具】|【草图绘制实体】|【3 点边角矩形】命令，指定矩形的一个边以及另一个角点的位置，即可在工作窗口中加入一个矩形草图。

在图形窗口中绘制平行四边形的具体操作步骤如下：

(1) 执行草图绘制命令中的【3 点边角矩形】命令。

(2) 在图形区域的适当位置单击鼠标左键，确定矩形一条边的起点，开始平行四边形的绘制，如图 2-26(a)所示。

(3) 拖动鼠标，在适当的位置单击鼠标，确定该边的另一角点位置，这样就确定了矩形的一条边，如图 2-26(b)所示。

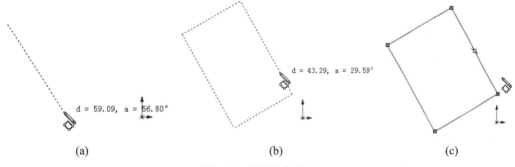

(a)　　　　　　　　(b)　　　　　　　　(c)

图 2-26　绘制边角矩形

(4) 继续拖动鼠标，单击确定矩形的形状。在拖动鼠标时，矩形的尺寸会动态地显示，如图 2-26(c)所示。

同样单击 ▱ 按钮，可以实现平行四边形创建，如图 2-27 所示。

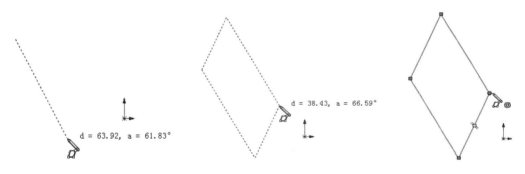

图 2-27　创建平行四边形

3. 绘制多边形

选择好基准面之后，单击【草图】工具栏里的 ⊙(多边形)按钮，或者选择菜单栏中的【工具】|【草图绘制实体】|【多边形】命令，指定多边形的一个边以及另一个角点的位置，即可在工作窗口中加入一个多边形草图图形。

在图形窗口中绘制多边形的具体操作步骤如下：

(1) 执行草图绘制命令中的【多边形】命令。

(2) 在图形区域单击鼠标左键，确定多边形的中心点，开始多边形的绘制。

(3) 拖动鼠标，在适当的位置单击鼠标，确定多边形形状。在拖动鼠标时，多边形的尺寸会动态地显示，如图 2-28 所示。

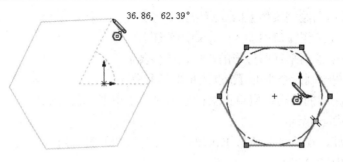

图 2-28　绘制多边形

(4) 在打开的草图中，通过拖动修改多边形的属性，修改多边形的属性主要有两种方式：

① 通过拖动多边形的一条边来改变多边形的大小。

② 通过拖动多边形的顶点或中心点来移动多边形。

(5) 在打开的草图中选择多边形，会出现如图 2-29 所示的【多边形】属性管理器，通过设置【多边形】属性管理器也可以改变多边形的属性。

(6) 选择【作为构造线】复选框，可以将实体转换到构造线。

图 2-29　【多边形】属性管理器

(7) 在【参数】区域中指定以下参数的任何适当组合来定义多边形。当更改一个或多个参数时，其他参数自动更新。

① ⊕选项：修改多边形的边数。

② 【内切圆】选项：在多边形内显示内切圆定义多边形的大小，圆为构造线。

③ 【外接圆】选项：在多边形外显示外接圆定义多边形的大小，圆为构造线。

④ ⊗选项：修改多边形的中心的 X 坐标置中。

⑤ ⊗选项：修改多边形的中心的 Y 坐标。

⑥ ⬠选项：确定圆的直径，该直径是指内切圆或外接圆的直径。

⑦ ↻选项：修改多边形旋转的角度。

(8) 单击 新多边形(W) 按钮，可以生成另一新多边形。

(9) 各参数修改结束后，单击【多边形】属性管理器中的✔按钮，即可完成对多边形参数的修改。

2.2.5　抛物线、样条曲线

抛物线、样条曲线命令说明如下。

1. 抛物线

选择好基准面之后，单击【草图】工具栏里的 ∪(抛物线)按钮，或者选择菜单栏中的【工具】|【草图绘制实体】|【抛物线】命令，指定抛物线的焦点，并拖动以放大抛物线，即可

在工作窗口中加入一个抛物线图形。

在图形窗口中绘制抛物线的具体操作步骤如下：

(1) 执行草图绘制命令中的【抛物线】命令，此时的指针形状变为。

(2) 在图形区域的适当位置单击鼠标左键，确定抛物线的焦点，拖动鼠标，抛物线的属性尺寸会动态地显示，如图 2-30 所示。

(3) 移动指针并单击鼠标左键来确定抛物线的起点位置。

(4) 继续移动指针并单击鼠标左键来确定抛物线的终点位置。

(5) 在打开的草图中选择一抛物线可以对其进行修改。

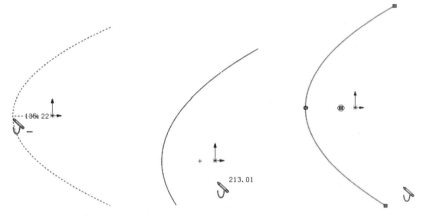

图 2-30　绘制抛物线

拖动焦点可以移动抛物线位置，如要展开曲线，需将顶点拖离焦点，如图 2-31 所示。

图 2-31　展开抛物线

如要改变抛物线一个边的长度而不修改抛物线的曲线，可选择一个端点并拖动，如图 2-32(a)所示。如要修改抛物线两边的长度而不改变抛物线的圆弧，可将抛物线拖离端点，如图 2-32(b)所示。

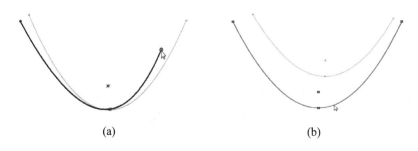

(a)　　　　　　　　　　　　　　　　　(b)

图 2-32　修改抛物线边长

(6) 在打开的草图中选择抛物线，在图 2-33(a)所示的【抛物线】属性管理器中编辑抛物线的属性。

(a)　　　　　　　　　　　(b)

图 2-33　【抛物线】与【样条曲线】属性管理器

(7) 在【添加几何关系】区域中将几何关系添加到所选实体，区域清单中只包括所选实体可能使用的几何关系。

(8) 选择【作为构造线】复选框，将实体转换到构造几何线。

(9) 如果直线不受几何关系约束，则可以在【参数】区域中指定以下参数(或额外参数)的任何适当组合来定义直线。

选项：修改抛物线起始点 X 坐标；选项：修改抛物线起始点 Y 坐标。

选项：修改抛物线终止点 X 坐标；选项：修改抛物线终止点 Y 坐标。

选项：修改抛物线焦点 X 坐标；选项：修改抛物线焦点 Y 坐标。

选项：修改抛物线顶点 X 坐标；选项：修改抛物线顶点 Y 坐标。

(10) 参数修改结束后，单击属性管理器中的 ✔ 按钮，完成修改。

2. 样条曲线

选择好基准面之后，单击【草图】工具栏里的 ∿(样条曲线)按钮，或者选择菜单栏中的【工具】|【草图绘制实体】|【样条曲线】命令，指定样条曲线的起始点，并拖动确定样条曲线所经过的点，即可在工作窗口中加入一条样条曲线图形。

绘制样条曲线的具体操作步骤如下：

(1) 执行草图绘制命令中的【样条曲线】命令，此时的指针形状变为 ∿。

(2) 单击鼠标左键，确定样条曲线起始点的位置，开始样条曲线的绘制。

(3) 在确定了样条曲线第一点的位置之后移动鼠标，样条曲线会动态地显示，如图 2-34 所示。

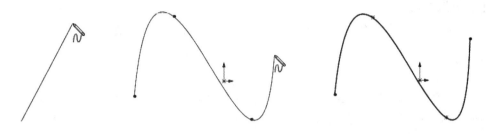

图 2-34 绘制样条曲线

(4) 移动指针并单击鼠标左键来确定样条曲线第二点的位置。

(5) 继续移动指针并单击鼠标左键来确定样条曲线其他各点的位置。

(6) 以此进行下去便可以得到所需要的样条曲线。

使用样条曲线工具时，可以在每个通过点上单击来生成样条曲线；完成样条曲线时，在最后一个通过点上双击即可。

(7) 如果想要改变样条曲线的形状，可以在打开的草图中选择样条曲线，此时控标出现在通过点和线段端点上，如图 2-35 所示。

选择了一条样条曲线后会出现如图 2-33(b)所示的【样条曲线】属性管理器，利用该属性管理器可以修改样条曲线的属性。

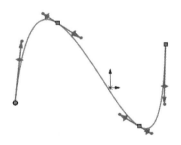

图 2-35 样条曲线上出现控标

(8) 在【添加几何关系】区域中可将几何关系添加到所选实体，区域清单中只包括所选实体可能使用的几何关系。

(9) 选择【作为构造线】复选框，可以将实体转换到构造几何线。

(10) 如果样条曲线不受几何关系约束，在【参数】区域中可以指定以下参数的任何适当组合来定义样条曲线。

① ⫰ 选项：修改样条曲线点数。修改时，会以高亮显示所选样条曲线点。

② ⫰ 选项：修改指定样条曲线点的 X 坐标。

③ ⫰ 选项：修改指定样条曲线点的 Y 坐标。

④ ⫽ 选项：通过通修改相对于 X、Y 或 Z 轴的样条曲线倾斜角度来控制相切方向。

⑤ 【相切驱动】复选框：选择该复选框，表示使用相切量和相切径向方向来激活样条曲线控制。

⑥ 【重设此控标】按钮：单击该按钮，将所选样条曲线控标重返到其初始状态。

⑦ 【重设所有控标】按钮：单击该按钮，将所有样条曲线控标重返到初始状态。

⑧ 【成比例】复选框：选择该复选框，表示在拖动端点时保留样条曲线形状；整个样条曲线会按比例调整大小。

(11) 单击部分【样条曲线】属性管理器中的✔按钮，完成参数修改。

2.2.6　槽口

新建草图，点击工具栏▭ ▾(槽口)按钮，可以选择右边下拉箭头，如图 2-36(a)所示，在【槽口】属性管理器中，选择【槽口类型】，在绘图区单击鼠标确定槽口定位点，拖动生成槽口图形，单击具体尺寸可以修改参数数值。图 2-36(b)为绘制槽口的实例。

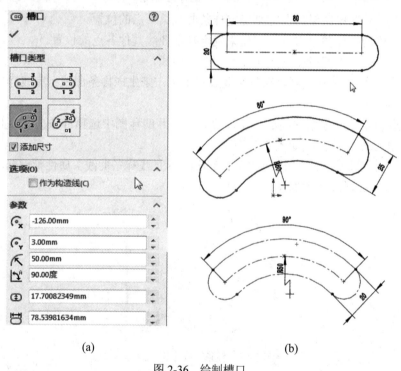

(a)　　　　　　　　　　　　　　(b)

图 2-36　绘制槽口

2.2.7　绘制文字

在草图中使用绘制文字命令，可以添加数字、字母和文字。另外，还可以在后续的特征操作中使用特征命令在零件表面拉伸和切除出文字。

新建草图，单击工具栏🅰(草图文字)按钮，在【草图文字】属性管理器中，输入文字"SolidWorks 教程"，在绘图区单击鼠标左键，鼠标箭头为输入义字的起点，绘图区出现对应文字，文字左下角的点为起始点，拖动该点可以任意移动文字的位置。在图 2-37(a)所示的属性管理器中可以设定文字的字体、宽度、间距、加粗、斜体、旋转、水平反转等相关属性，也可以选择曲线，设定文字与样条曲线、圆弧等曲线作贴近分布。图 2-37(b)为绘制文字实例。

(a) (b)

图 2-37　绘制文字

2.2.8　推理线与推理指针

在实际应用过程中，通常综合使用推理线、推理指针、草图捕捉及几何关系，以图形方式显示草图实体的相互影响关系。

1. 推理线

推理线在绘制草图中出现，会显示指针和现有草图实体(或模型几何体)之间的几何关系。推理线可以与现有的线矢量平行、垂直、相切。这些推理线会捕捉到确切的几何关系，而其他的推理线则只是简单地作为草图绘制过程中的指引线或参考线来使用。SolidWorks 采用不同的颜色来区分推理线的这两种状态，如图 2-38 所示。推理线 A 采用了黄色，如果此时所绘线段捕捉到这两条推理线，则系统会自动添加"垂直"几何关系；推理线 B 采用蓝色，它仅仅提供了一个与另一个端点的参考，如果所绘线段终止于这个端点，就不会添加"垂直"的几何关系。

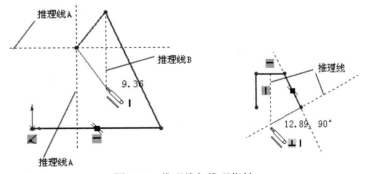

图 2-38　推理线与推理指针

2. 推理指针

草图编辑状态时，执行命令可以在鼠标指针旁看到命令图标，提醒当前执行的是什么命令。鼠标滑过一个几何约束时，可以看到在指针旁边出现约束的符号，提醒当前约束关系。合理的观察指针提示有助于快速绘图。

2.3　草图编辑技术

草图编辑包括圆角、倒角、剪裁、延伸、阵列镜像等操作。

2.3.1　圆角与倒角

圆角、倒角命令说明如下。

1. 圆角

在打开的草图中，单击【草图】工具栏里的 (圆角)按钮，或者选择菜单栏中的【工具】|【草图绘制工具】|【圆角】命令，选择要圆角化的草图实体，即可创建一个圆弧图形。

图 2-39 所示是已经存在的草图，对图中四个尖角进行圆角处理的具体操作步骤如下：

(1) 单击工具栏里的 按钮，在出现图 2-40 所示的【绘制圆角】属性管理器中设定圆角属性。

① (半径)选项：利用该选项可以控制圆角半径。

注意：具有相同半径的连续圆角不会单独标注尺寸，它们自动与该系列中的第一个圆角具有相等几何关系。

② 【保持拐角处约束条件】复选框：如果顶点具有尺寸或几何关系，将保留虚拟交点。如果消除选择，且如果顶点具有尺寸或几何关系，将会询问是否想在生成圆角时删除这些几何关系。

(2) 选择要圆角化的草图实体(可以选择非交叉实体)。若要选择草图实体，可以通过下面的方法：

① 按住 Ctrl 键并选取两个草图实体；

② 直接选择一边角。

图 2-39　草图

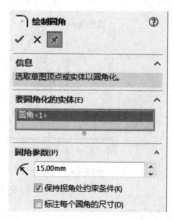

图 2-40　【绘制圆角】属性管理器

(3) 单击确定按钮 ✔ 接受圆角，或单击撤消按钮 ✘ 来移除圆角。可以以相反顺序撤消一系列圆角。如图 2-41 所示为执行圆角后的效果。

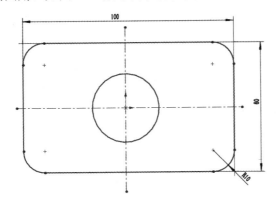

图 2-41　执行圆角草图

2. 倒角

在打开的草图中，单击【草图】工具栏里的 ＼(倒角)按钮，或者选择菜单栏中的【工具】|【草图绘制工具】|【倒角】命令，选择要倒角的草图实体，即可创建一个圆弧图形。添加倒角的具体操作步骤如下：

(1) 打开如图 2-39 所示草图。

(2) 单击"草图"工具栏里的 ＼ 按钮，在出现图 2-42 所示的【绘制倒角】属性管理器中设定倒角属性。其【倒角参数】区域各选项的含义如下所述。

① 【角度距离】：

· 选项：利用该选项可以将距离 1 应用到第一个所选的草图实体。

· 选项：利用该选项可以将方向 1 角度应用到从第一个草图实体开始的第二个草图实体。如图 2-43 所示右上角为执行角度距离倒角后的效果。

② 【距离-距离】：

· 【相等距离】复选框被选择时，距离 1 应用到两个草图实体。

· 【相等距离】复选框被消除时，距离 1 应用到第一个所选的草图实体；距离 2 应用到第二个所选的草图实体。图 2-43 左下角所示为执行距离-距离倒角后的效果。

图 2-42　【绘制倒角】属性管理器

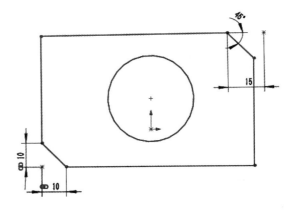

图 2-43　执行倒角后的效果

2.3.2　剪裁、延伸

剪裁、延伸命令说明如下。

1. 剪裁

在打开的草图中，单击【草图】工具栏里的 ✂(剪裁)按钮，或者选择菜单栏中的【工具】|【草图绘制工具】|【剪裁】命令，选择需要剪裁的草图实体，即可剪裁草图图形。

在图形草图中剪裁草图实体的具体操作步骤如下：

(1) 在打开的草图中，单击草图绘制工具栏上的 ✂ 按钮，会出现如图 2-44 所示的【剪裁】属性管理器。图 2-45 为待剪裁的图形。

图 2-44　【剪裁】属性管理器

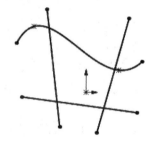

图 2-45　待剪裁图形

(2) 在【剪裁】属性管理器的选项区域中选择剪裁按钮进行裁剪。各选项的含义如下所述。

① 【强劲剪裁】选项。

选择 ✂(强劲剪裁)按钮，拖动指针，可以剪裁单一草图实体到最近的交叉实体。拖动指针，可以剪裁一个或多个草图实体到最近的交叉实体并与该实体交叉。强劲剪裁的剪裁效果如图 2-46 所示。

图 2-46　强劲剪裁

② 【边角】选项。

选择 ┌(边角)按钮，可以修改两个所选实体，直到它们以虚拟边角交叉为止。沿着其自然路径延伸一个或两个实体时，就会生成虚拟边角。

控制边角剪裁选项的因素包括：

・草图实体可以不同。例如，可以选择直线和圆弧、抛物线和直线等。

・根据草图实体的不同，剪裁操作可以延伸一个草图实体而缩短另一个实体，或者同时延伸两个草图实体。

・剪裁操作受选择草图实体末端的影响。剪裁操作可能发生在所选草图实体两端的任一端。

・剪裁操作不受选择草图实体顺序的影响。

・如果所选的两个实体之间不可能有几何上的自然交叉，则剪裁操作无效。

边角剪裁的剪裁效果如图 2-47 所示。

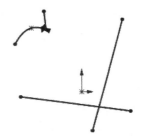

图 2-47　边角剪裁

③ 【在内剪除】选项。

选择 ╪(在内剪除)按钮，剪裁交叉于两个所选边界上或位于两个所选边界之间的开环实体。控制此选项的因素包括：

・所选择的作为两个边界实体的草图实体可以不同。

・所选择的要剪裁的草图实体必须与每个边界实体交叉一次，或与两个边界实体完全不交叉。

・剪裁操作将会删除所选边界内部所有有效草图实体。

・要剪裁的有效草图实体包括开环草图段，不包括闭环草图实体(如圆)。

注意：如椭圆等闭环草图实体将会生成一个边界区域，方式与选择两个开环实体作为边界相同。

在内剪除的剪裁效果如图 2-48 所示。

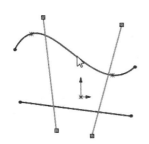

图 2-48　在内剪除

④ 【在外剪除】选项。

选择 ╫(在外剪除)按钮，剪裁位于两个所选边界之外的开环实体。控制此选项的因素包括：

- 所选择的作为两个边界实体的草图实体可以不同。
- 边界不受所选草图实体端点的限制。边界定义为草图实体的无限延续。
- 剪裁操作将会删除所选边界外部所有有效草图实体。
- 要剪裁的有效草图实体包括开环草图段，但不包括闭环草图实体(如圆)。

在外剪除的剪裁效果如图 2-49 所示。

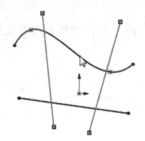

图 2-49　在外剪除

⑤ 【剪裁到最近端】选项。

选择·├(剪裁到最近端)按钮，剪裁或延伸所选草图实体。剪裁到最近端的剪裁效果如图 2-50 所示。控制此选项的因素包括：

- 删除所选草图实体，直到与其他草图实体的最近交叉点。
- 延伸所选实体，实体延伸的方向取决于拖动指针的方向。

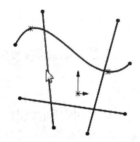

图 2-50　剪裁到最近端

2. 延伸

在打开的草图中，单击【草图】工具栏里的┳(延伸实体)按钮，或者选择菜单栏中的【工具】|【草图绘制工具】|【延伸实体】命令，选择需要延伸的草图实体，即可延伸草图图形。延伸草图实体的具体操作步骤如下：

(1) 在打开的草图中，单击【草图】绘制工具栏上的┳按钮，此时草图中的指针显示为▶┳样式。

(2) 在草图上移动指针，直到希望延伸的草图线段以红色高亮显示，单击鼠标左键，即可延伸至其与另一

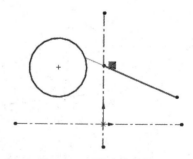

图 2-51　延伸实体效果

条草图线段(直线、圆弧、圆、椭圆、样条曲线或中心线)或模型边线处。图 2-51 所示为执

行延伸实体后的效果。

2.3.3 草图阵列与镜像

阵列、镜像命令说明如下。

1. 圆周阵列

生成草图实体的圆周阵列，可以采用下面的步骤：

(1) 在模型面上打开一张草图，并绘制一个或多个需复制的项目。

(2) 选择草图实体，单击【草图】工具栏上的 ▨ (圆周阵列)按钮，或选择菜单栏中的【工具】|【草图绘制工具】|【圆周阵列】命令，此时的指针变为 ▨ 形状。

(3) 在弹出如图 2-52 所示的【圆周阵列】属性管理器中设置草图排列的位置，阵列圆心的位置设置在(0，0)点。

(4) 在数量文本框中设置阵列实例的总数为 4 个，包括原始草图实体。

(5) 在【参数】区域中设置圆周阵列的间距和半径。

(6) 选择要阵列的草图实体，显示在【要阵列的实体】区域中。

(7) 单击按钮 ✔，即可完成对草图的排列和复制，如图 2-53 所示。

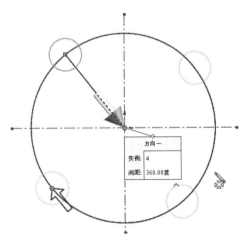

图 2-52　【圆周阵列】属性管理器　　　　图 2-53　草图圆周阵列

2. 线性阵列

生成草图实体的线性阵列，可以采用下面的操作步骤：

选择菜单栏中的【工具】|【草图绘制工具】|【线性阵列】命令，或单击工具栏▨(线性阵列)按钮。在出现如图 2-54 所示的【线性阵列】属性管理器中设置各参数。草图中的预览效果如图 2-55 所示，单击按钮 ✔ 即可。如果在 ▨、▨ 选项中填入角度值，可实现平行四边形阵列。

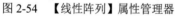

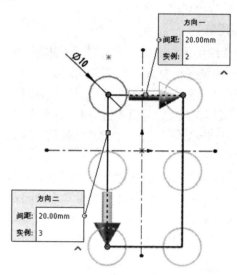

图 2-54 【线性阵列】属性管理器   图 2-55 草图线性阵列

3. 镜像

生成草图实体的镜像，可以采用下面的操作步骤：

选择菜单栏中的【工具】|【草图绘制工具】|【镜像】[①]命令，或单击工具栏 (镜像)按钮。出现【镜像】属性管理器，选择【要镜像的实体】与【镜像轴】，勾选【复制】项目，如图 2-56 所示。草图的预览效果如图 2-57 所示，单击按钮 即可。

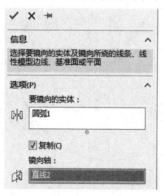

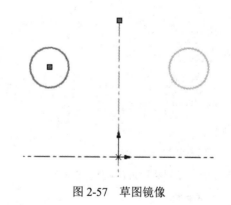

图 2-56 【镜像】属性管理器   图 2-57 草图镜像

2.3.4 等距实体、转换实体引用

等距实体、转换实体引用命令说明如下。

---

① 软件中为"镜向"，后文同。

1. 等距实体

在打开的草图中，单击【草图】工具栏里的🗡(等距实体)按钮，或者选择菜单栏中的【工具】|【草图绘制工具】|【等距实体】命令，选择要等距的草图实体，即可创建一个等距实体图形。等距实体的具体操作步骤如下：

(1) 在打开的草图中，选择一个或多个草图实体、一个模型面或一条模型边线等。

(2) 单击【草图】工具栏上的🗡按钮，在出现如图2-58 所示的【等距实体】属性管理器中，可以在生成等距实体过程中控制等距实体属性，其选项的含义如下所述。

① 🗡(等距距离)选项：利用该选项后面的数值，可以根据特定距离来等距草图实体。若想动态预览，按住鼠标键并在图形区域中拖动指针。当释放鼠标键时，等距实体即可完成。

图 2-58 【等距实体】属性管理器

② 【添加尺寸】复选框：选择该选项表明在草图中包括等距距离，这不会影响到包括在原有草图实体中的任何尺寸。

③ 【反向】复选框：利用该选项可以更改单向等距的方向。

④ 【选择链】复选框：选择该复选框可以生成所有连续草图实体的等距。

⑤ 【双向】复选框：选择该复选框表示在双向生成等距实体。

⑥ 【顶端加盖】复选框：通过选择双向并添加一项盖来延伸原有非相交草图实体，可以生成圆弧或直线为延伸顶盖类型。

(3) 在属性管理器中设定好参数后，单击确定按钮✔接受等距实体，或单击撤消按钮✖来取消等距实体。图2-59 为等距实体效果。

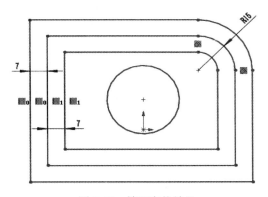

图 2-59 等距实体效果

注意：等距实体可以等距有限直线、圆弧和样条曲线，但不能等距套合样条曲线等先前等距的样条曲线或会产生自我相交几何体的实体。

2. 转换实体引用

在打开的草图中，单击【草图】工具栏里的🗋(转换实体引用)按钮，或者选择菜单栏中的【工具】|【草图绘制工具】|【转换实体引用】命令，选择需要转换实体引用的草图实

体模型，即可将草图模型转换为实体引用。草图模型转换为实体引用的具体操作步骤如下：

(1) 如图 2-60(a)所示，选中圆盘上表面作为草图平面，按 Ctrl 键依次选中圆盘外圆轮廓与内孔轮廓，如图 2-60(b)所示。

(2) 单击草图绘制工具栏上的 按钮，如图 2-60(c)所示，被选中的轮廓上出现转换的标记 ，表明其已成为新建立的草图元素。

(3) 如图 2-60(d)所示，新建基准面 1 为草图平面，按 Ctrl 键依次选中左侧模型表面的所有圆，单击 按钮，则基准面 1 出现对应的图形。

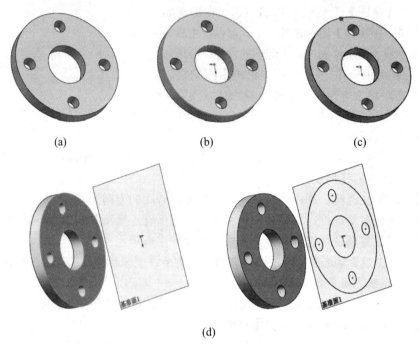

图 2-60　转换实体引用

2.3.5　分割、合并

如图 2-61(a)所示，打开草图，单击 (分割)按钮，在草图中选中待分割的图元，定位到分割点(如图 2-61(b)所示)，单击鼠标左键实现通过添加分割点将图元分割成两个，如图 2-61(c)所示。如果需要将分割的实体组合成一个，只要将分割点选中，按 Delete 键删除即可。

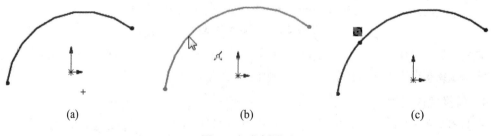

图 2-61　分割图元

2.3.6 移动、复制、旋转、缩放草图

移动、复制、旋转、缩放命令说明如下。

1. 移动草图

移动草图命令用于将一个或多个草图实体进行移动。打开草图，单击 ↗口(移动)按钮，出现【移动】属性管理器，如图 2-62 所示。

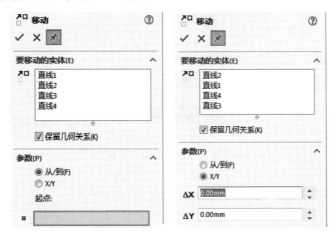

图 2-62 【移动】属性管理器

图 2-63(a)为待移动的矩形，选中矩形四条边，在【移动】属性管理器中【要移动的实体】栏中出现直线～直线。在【参数】选项中可以选择移动方式，图 2-63(b)为采用【从/到】方式选中初始点的结果，图 2-63(c)为移动鼠标到目标位置的结果，图 2-63(d)为单击鼠标左键后最终的结果，图形从原位置移动到新的位置。若在【参数】选项中选择【X/Y】方式，则直接输入坐标的变化值即可。

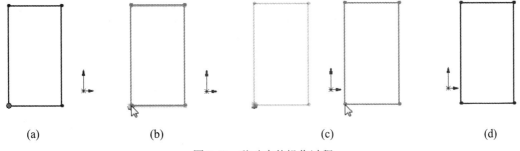

(a)   (b)   (c)   (d)

图 2-63 移动实体操作过程

2. 复制草图

复制草图命令用于将一个草图或多个草图实体进行复制。其属性管理器、操作过程与移动草图一样，只是操作后原图形保持不变。

3. 旋转草图

选择旋转草图命令，可以通过选择旋转中心及要旋转的角度来旋转草图实体。图 2-64 为【旋转】属性管理器，图 2-65(a)为待旋转的矩形，选中矩形四条边，在图 2-64 所示的

【旋转】属性管理器的【要旋转的实体】栏中出现直线 1～直线 4。在【参数】选项中选择【旋转中心】为矩形右下角，如图 2-65(b)所示，图 2-65(c)为输入旋转角度结果(顺时针方向为负)，图 2-65(d)为单击鼠标左键后的最终结果，图形从原位置旋转到新的位置。

图 2-64　【旋转】属性管理器

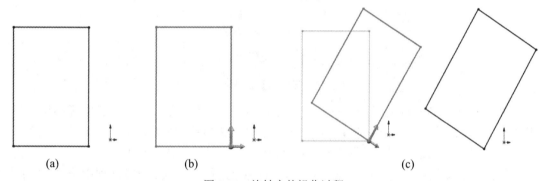

　　(a)　　　　　　　　　　(b)　　　　　　　　　　　　(c)

图 2-65　旋转实体操作过程

4. 缩放草图

SolidWorks 草图可以通过基准点和比例因子对实体进行缩放，也可根据需要在保留原缩放对象的基础上缩放草图。图 2-66(a)为待旋转的矩形，选中矩形四条边，在图 2-67(a)图所示的【比例】属性管理器中【要缩放比例的实体】栏中出现直线 1～直线 4。在【参数】选项中选择【比例缩放点】为矩形左下角，(比例因子)为 0.8，(份数)为 2，勾选【复制】选项，矩形显示如图 2-66(b)所示。图 2-66(c)为鼠标单击按钮 后比例缩放的最终结果。

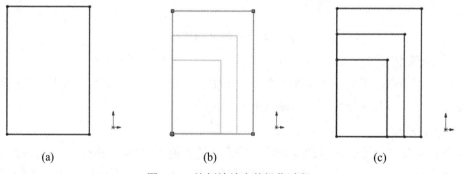

　　(a)　　　　　　　　　　(b)　　　　　　　　　　　　(c)

图 2-66　比例缩放实体操作过程

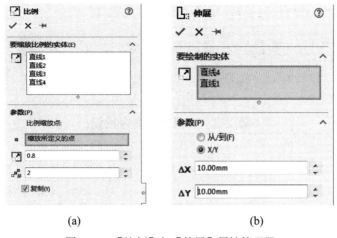

(a) (b)

图 2-67 【比例】与【伸展】属性管理器

5. 伸展草图

选择伸展草图命令，可以通过基准点和坐标点对草图实体进行伸展。图 2-68(a)为待旋转的矩形，选中矩形上边和右边，在图 2-67(b)所示的【伸展】属性管理器的【要绘制的实体】栏中出现选中的直线。在【参数】选项中选择对应方式，矩形显示如图 2-68(b)所示。图 2-68(c)为鼠标单击确定后比例缩放的最终结果。如果全选草图实体，则其操作界面、过程、结果与移动草图完全一致。

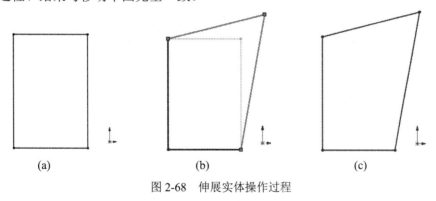

(a) (b) (c)

图 2-68 伸展实体操作过程

2.4 几 何 约 束

几何关系是指草图中的几何要素之间的某些约束关系。这种约束关系可以是草图绘制过程中由 SolidWorks 系统自动判断添加产生的，也可以是设计人员根据自己的设计意图人为地添加、定义或标注产生的。每个草图都必须有一定的约束，没有约束则设计者的意图也无从体现。约束有两种：一种对尺寸进行约束，另一种对位置进行约束。

2.4.1 几何约束关系

绘制草图前，应仔细分析草图图形结构，明确草图中的几何元素之间的约束关系。图

2-69 为工具栏尺寸与几何约束工具，命令按钮说明见表 2-3。

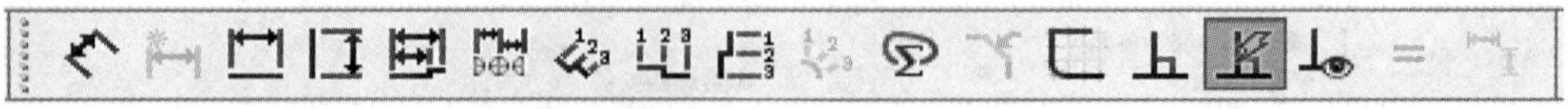

图 2-69　尺寸与几何约束工具

表 2-3　几何关系命令按钮

图标	名　称	功能说明
⊥	添加几何关系	给选定的草图实体添加几何关系，即限制条件
⊥	显示/删除几何关系	显示或者删除草图实体的几何限制条件
⊬	自动几何关系	打开/关闭自动添加几何关系

在绘制草图过程中，可采用标注尺寸和生成几何关系两种手段联合定义草图。首先确定草图各元素间的几何关系，其次是位置关系和定位尺寸，最后标注草图的形状尺寸。一般在绘图时并不追求尺寸准确，但几何关系要尽早添加，这有利于后续操作。常用几何关系见表 2-4。

表 2-4　常用几何关系

几何关系	要选择的实体	所产生的几何关系
水平或竖直	一条或多条直线，两个或多个点	直线会变成水平或竖直(由当前草图的空间定义)，而点会水平或竖直对齐
共线	两条或多条直线	实体位于同一条无限长的直线上
全等	两个或多个圆弧	实体会共用相同的圆心和半径
垂直	两条直线	两条直线相互垂直
平行	两条或多条直线	实体相互平行
相切	圆弧、椭圆和样条曲线，直线和圆弧，直线和曲面或三维草图中的曲面	两个实体保持相切
同心	两个或多个圆	圆弧共用同一圆心
中点	一个点和一条直线	点保持位于线段的中点
交叉	两条直线和一个点	点保持位于直线的交叉点处
重合	一点和一直线、圆弧或椭圆	点位于直线、圆弧或椭圆上
相等	两条或多条直线，两个或多个圆弧	直线长度或圆弧半径保持相等
对称	一条中心线和两个点、直线、圆弧或椭圆	实体保持和中心线相等的距离，并位于一条与中心线垂直的直线上
固定	任何实体	实体的大小和位置被固定
穿透	一个草图点和一个基准轴、边线、直线或样条曲线	草图点与基准点、边线或曲线在草图基准面上穿透的位置重合
合并点	两个草图点或端点	两个点合并成一个点

2.4.2　约束关系的建立与编辑

　　草图实体几何关系管理与编辑可为草图操作带来极大便利，可以在具体建模中体会。图 2-70 为自动添加几何关系时指针的形状。

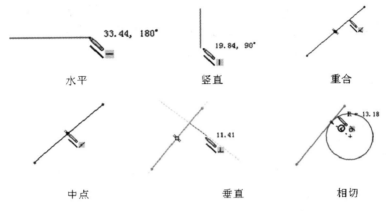

图 2-70　自动添加几何关系时指针形状

　　如图 2-71 所示，选中矩形的左边与上边，在弹出的【属性】属性管理器中(如图 2-72 所示)，选择二者的几何关系，同时也可以对已有的几何关系进行编辑、删除操作。在图形区域，草图实体也会在对应位置显示出几何关系的图标。选择菜单栏中的【视图】|【草图几何关系】命令，可消隐草图上的几何关系。图形在保持所设定的几何关系的同时，显示得更简洁、明了。对于准备特征操作的草图，为便于以后的编辑修改，无需消隐几何关系。生成特征以后，系统自动隐藏相关标记。

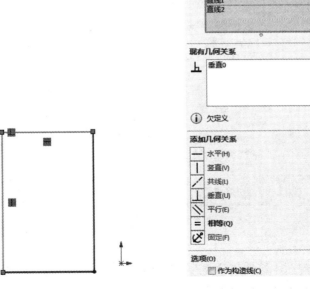

图 2-71　草图几何关系　　　　　　　图 2-72　几何关系属性管理器

2.5　尺　寸　标　注

运用草图工具进行草图绘制时，只是确定了草图的大概轮廓和位置，其准确尺寸还要根据草图所标注的尺寸来确定。一般将草图尺寸分为定形尺寸、定位尺寸和总体尺寸，在 SolidWorks 草图中，可以利用所学过的制图方面的知识来方便地完成尺寸标注。

2.5.1　基本设置

尺寸标注前可以根据使用情况进行以下设置。

1. 设定尺寸选项

(1) 选择菜单栏中的【工具】|【选项】命令，并选择【文档属性】标签。

(2) 单击【尺寸】选项，出现如图 2-73 所示对话框。

(3) 根据所需，改变尺寸标注的各项内容。

(4) 单击【确定】按钮，即可完成该对话框的设置。

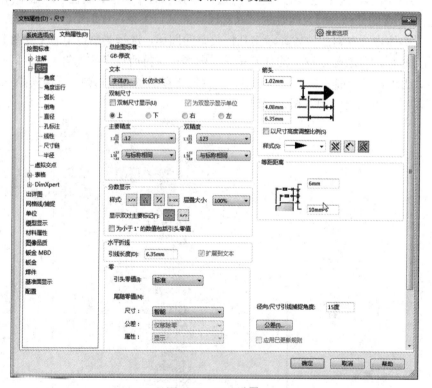

图 2-73　尺寸设置

2. 尺寸属性

当在草图以及工程图中标注尺寸或选择尺寸数值时，会弹出如图 2-74 所示的【尺寸】属性管理器，在属性管理器中可以更改特定尺寸的属性。

1) 样式

(1) 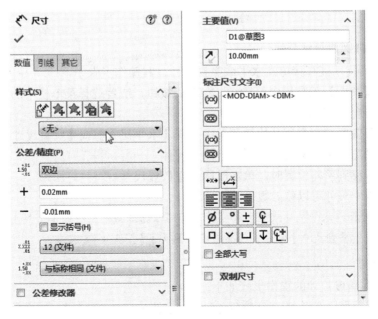(将默认属性应用到所选尺寸)按钮：利用该选项可以将所选尺寸重设到文件默认。

(2) ✦(添加样式)按钮：利用该选项可以打开添加或更新常用尺寸对话框。

(3) ✦(删除样式)按钮：利用该选项可以从文件中删除所选常用尺寸。

(4) ✦(保存样式)按钮：打开"另存为"对话框，保存现有常用尺寸的默认文件类型。

(5) ✦(装入样式)按钮：利用该选项可以打开【打开】对话框，选择*.sldfvt 或*.sldstl 格式文件。

(6) 列表框：从列表清单中选择常用尺寸样式并应用到所选的尺寸，同时删除或保存常用尺寸。

2) 公差/精度

(1) $_{1.50}^{+.01}$(公差类型)列表框：在列表中选择【无】【标准值】【双向公差】及【套合】等，例如倒角尺寸的公差类型只局限于无、双向及对称等。

(2) ➕(最大变化)文本框：在该文本框中键入一个数值，以确定公差的最大值。

(3) ➖(最小变化)文本框：在该文本框中键入一个数值，以确定公差的最小值。

(4) ₓ.ₓₓₓ(主要单位精度)列表框：利用该列表框，可以从清单的小数点后选择精度位数。

(5) $_{1.50}^{+.01}$(公差精度)列表框：利用该列表框，可以确定公差值在小数点后选择的数值。

3) 标注尺寸文字

(1) 文字文本框：所标注的尺寸会自动出现在中央文字框，将指针放置在文字框中的任何地方可以插入文字。

(2) 对齐选项组：▤表示水平左对齐，▤表示中央对齐，▤表示右对齐。

(3) 符号选项按钮：使用时先单击想插入符号的位置，然后单击所选符号图标(直径⌀、度数°等)，符号会以其在文字框中的名称来表示，但实际的符号则会出现在图形区域中。

图 2-74 【尺寸】属性管理器

2.5.2　标注尺寸

根据所标注的尺寸不同,尺寸标注有以下几种。

1. 智能尺寸

1) 标注智能尺寸

在图中添加平行尺寸的操作步骤如下:

(1) 单击【草图】工具栏中的 ◇(智能尺寸)按钮,或者选择菜单栏中的【工具】|【标注尺寸】|【智能尺寸】命令。

(2) 单击需标注尺寸的几何体,当指针在模型周围移动时,显示尺寸的预览。根据指针相对于附加点的位置,系统将自动捕捉适当的尺寸类型。

(3) 选择所需尺寸预览,单击放置,完成添加尺寸,如图 2-75 所示。

(4) 左键选中尺寸可以修改数值。

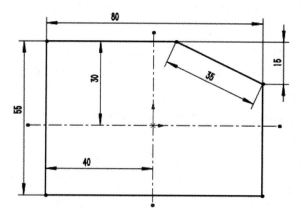

图 2-75　添加平行尺寸

2) 忽略捕捉功能标注尺寸

如果忽略捕捉功能直接标注水平或竖直尺寸,其操作步骤如下:

(1) 单击【草图】工具栏中的 ◇(智能尺寸)按钮,或者选择菜单栏中的【工具】|【标注尺寸】|【智能尺寸】命令。

(2) 在工程图区域右击,从快捷菜单中选择【水平尺寸】或【竖直尺寸】命令。

(3) 在视图窗口中单击将要标注尺寸的几何体。

(4) 当指针移到所需位置时,单击鼠标左键放置尺寸。

(5) 左键选中尺寸可以修改数值。

提示:直接标注水平尺寸或竖直尺寸时,还可以选择菜单栏中的【工具】|【标注尺寸】|【水平尺寸】或【垂直尺寸】命令,工具按钮分别为 ⊟ 按钮及 I 按钮。

2. 角度尺寸

在图中标注角度尺寸的操作步骤如下:

(1) 单击"草图"工具栏中的 ◇(智能尺寸)按钮。

(2) 选择形成夹角的两条直线,会出现多种不同的预览。

(3) 选择所需尺寸，单击鼠标左键完成角度尺寸的标注，如图 2-76 所示。

(4) 左键选中尺寸可以修改数值。

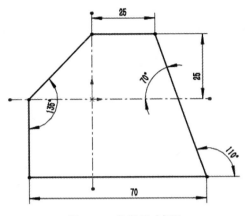

图 2-76 角度尺寸标注

3. 圆弧尺寸

在草图中标注圆弧尺寸时，SolidWorks 默认尺寸类型为半径。标注圆弧尺寸，其操作步骤如下：

(1) 单击【草图】工具栏中的 ◆(智能尺寸)按钮。

(2) 选择圆弧以及该圆弧的两个端点。

(3) 当指针移动到所需位置时，单击放置尺寸，如图 2-77 所示。

(4) 左键选中尺寸可以修改数值。

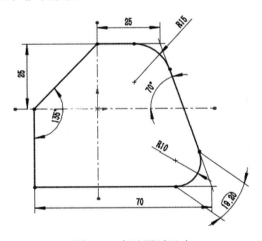

图 2-77 标注圆弧尺寸

提示：当标注圆弧尺寸时，默认尺寸类型为半径；如要标注圆弧的实际长度，应选择圆弧及其两个端点。

4. 圆尺寸

在草图中标注圆形尺寸的操作步骤如下：

(1) 单击"草图"工具栏中的 ◆(智能尺寸)按钮。

(2) 在图形窗口选择圆，此时会出现标注尺寸预览。

(3) 当预览处于所需位置时，单击鼠标左键放置尺寸，如图 2-78 所示。

(4) 左键选中尺寸可以修改数值。

选中圆与圆弧尺寸，在如图 2-79 所示的【尺寸】属性管理器中，选择【引线】，可以设定圆与圆弧尺寸的多种显示方式。如半径尺寸线打折、尺寸类型为半径或直径、尺寸水平或竖直放置等(具体标注如图 2-78 所示)。

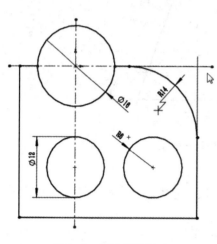

图 2-78　标注圆形尺寸　　　　　　　图 2-79　【尺寸】属性管理器

2.6　草图绘制实例

实例 1：绘制如图 2-80 所示的草图。

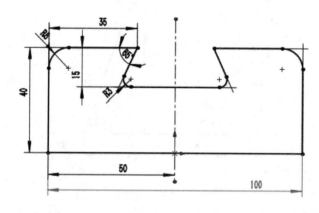

图 2-80　实例 1

操作步骤如下：

(1) 进入 SolidWorks，选择菜单栏中的【文件】|【新建】命令，单击【零件】按钮，在特征管理器中选择前视基准面；或者单击【草图】工具栏中的 按钮，进入草图绘制界面。

(2) 选择菜单栏中的【工具】|【草图绘制实体】|【中心线】命令，或者单击【草图】工具栏中的 按钮，过原点绘制竖直中心线。

(3) 在图形绘制区域单击鼠标右键，在弹出的快捷菜单中选择【添加几何关系】命令，添加竖直几何关系，如图 2-81 所示。

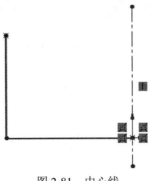

图 2-81 中心线

(4) 绘制线条，标注线性尺寸和角度尺寸，如图 2-82 所示。镜像草图，如图 2-83 所示。

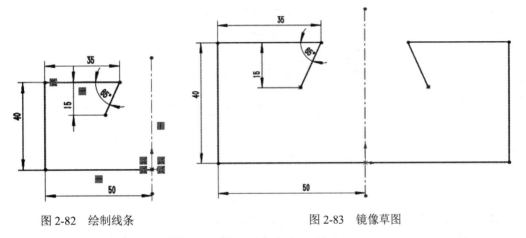

图 2-82 绘制线条　　　　　　　　　　　图 2-83 镜像草图

(5) 把两端点用直线连接，绘制圆角，如图 2-84 所示。

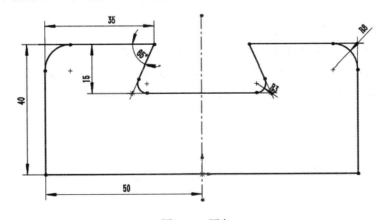

图 2-84 圆角

(6) 选择菜单栏中的【视图】|【草图几何关系】命令，消隐草图几何关系，并调整各尺寸形式如图 2-85 所示，保存文件。由于采用镜像操作，标注底边长度尺寸 100 时，系统默认尺寸为从动类型。

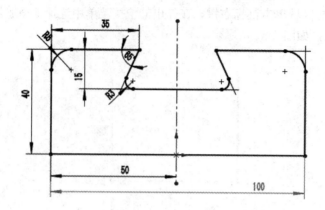

图 2-85　最终结果

实例 2：绘制如图 2-86 所示的草图。

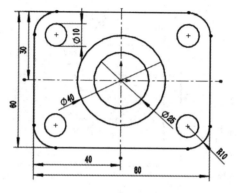

图 2-86　实例 2

(1) 进入 SolidWorks，选择菜单栏中的【文件】|【新建】命令，单击【零件】按钮，在特征管理器中选择前视基准面；或者单击【草图】工具栏中的 按钮，进入草图绘制界面。

(2) 选择菜单栏中的【工具】|【草图绘制实体】|【中心线】命令，或者单击【草图】工具栏中的 按钮，绘制两条正交的中心线，交点位置设在原点。

(3) 在图形绘制区域单击鼠标右键，在弹出的快捷菜单中选择【添加几何关系】命令，添加水平与竖直几何关系，如图 2-87 所示。

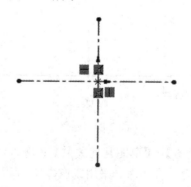

图 2-87　中心线

(4) 单击【草图】工具栏中的□按钮，绘制如图 2-88 所示的矩形。

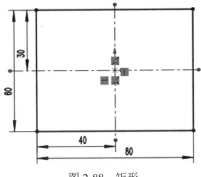

图 2-88 矩形

(5) 单击工具栏中的 ◇ 按钮，标注尺寸，确定矩形的位置关系。

(6) 单击【草图】工具栏中的 ⊙ 按钮，绘制如图 2-89 所示的圆，并对其添加同心几何关系，标注图中圆尺寸，如图 2-90 所示。

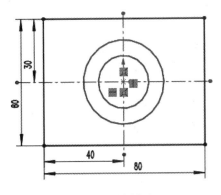

图 2-89 绘制圆

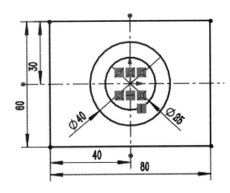

图 2-90 添加尺寸几何关系

(7) 单击 按钮，出现如图 2-91 所示的【绘制圆角】属性管理器，设置 (圆角半径)为 10.00 mm，选择四个角，单击按钮 ✓，得到的图形如图 2-92 所示。

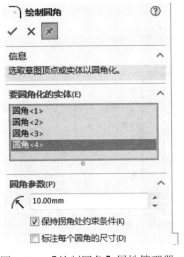

图 2-91 【绘制圆角】属性管理器

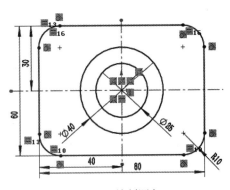

图 2-92 绘制圆角

(8) 单击【草图】工具栏中的 ⊙ 按钮，绘制如图 2-93 所示的直径为 10 的圆，圆心与边角圆弧圆心重合。

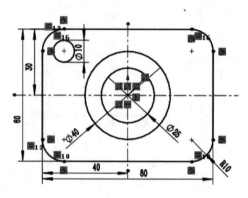

图 2-93　绘制圆

(9) 选择菜单栏中的【工具】|【草图绘制工具】|【线性草图阵列】命令，出现【线性阵列】属性管理器，如图 2-94 所示设置各参数，草图的预览效果如图 2-95 所示。

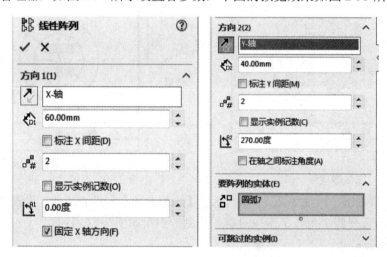

图 2-94　【线性阵列】属性管理器

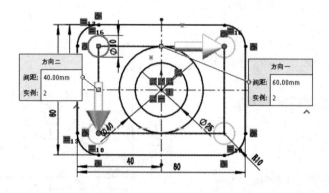

图 2-95　线性阵列预览

(10) 单击【线性阵列】属性管理器中的按钮 ✔，效果如图 2-96 所示，草图绘制完成。

(11) 选择菜单栏中的【视图】|【草图几何关系】命令，消隐草图几何关系，并调整尺寸形式如图 2-97 所示，保存文件。由于直径为 10 的圆为线性阵列分布，呈蓝色状态，只要设定与圆角圆弧为同心关系即可完全定义。

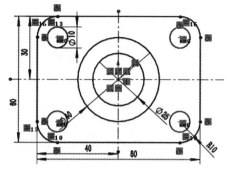

图 2-96　草图绘制效果

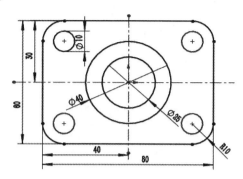

图 2-97　最终结果

实例 3：绘制如图 2-98 所示的草图。

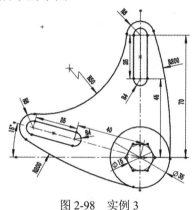

图 2-98　实例 3

(1) 新建零件，单击【前视基准面】基准面，进入草图绘制。

(2) 画基准线，如图 2-99 所示。

(3) 绘制圆并标注尺寸，如图 2-100 所示。

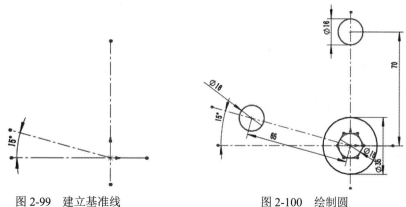

图 2-99　建立基准线　　　　　图 2-100　绘制圆

(4) 绘制直槽、边缘圆弧，建立相切约束，如图 2-101 所示。

(5) 定位槽位置，裁剪圆弧曲线。单击工具栏复制按钮，在对应中心线上复制槽，再单击旋转实体按钮 ，将槽顺时针旋转 75 度并在竖直方向定位，如图 2-102 所示。

(6) 整理尺寸标注，消隐草图上的几何关系，保存文件。

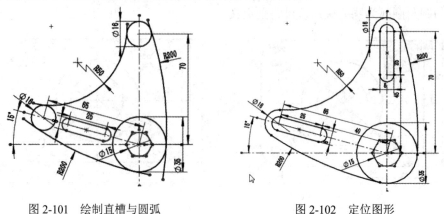

图 2-101　绘制直槽与圆弧　　　　　　　图 2-102　定位图形

2.7　三　维　草　图

用 SolidWorks 软件不但能够生成 2D 草图，而且还可以生成 3D 草图。3D 草图一般由系列直线、圆弧以及样条曲线构成。可以将 3D 草图作为扫描路径，或作为放样和扫描的引导线、放样的中心线或管道系统中的关键实体。

2.7.1　3D 草图命令

新建零件，进入草图绘制环境，单击工具栏【草图绘制】下方的 　·　(下拉)按钮，选择【3D 草图】，如图 2-103(a)所示。然后单击【绘图】工具栏对应按钮，开始作图。

在 3D 草图绘制中，图形空间控标可以帮助用户在数个基准面上绘制时保持方位。在所选基准面上定义草图实体的第一个点时，3D 空间控标就会出现。控标由两个相互垂直的轴构成，以红色高亮显示，表示当前的草图平面，如图 2-103(b)所示。每次单击时，3D 空间控标就会出现，以确定草图方位。按 Tab 键，可以改变基准面。

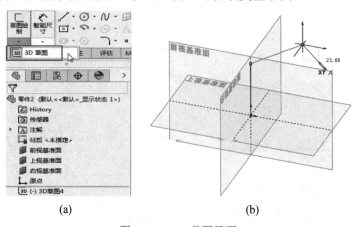

(a)　　　　　　　　　　　　　　(b)

图 2-103　3D 草图界面

2.7.2 3D 草图绘制实例

绘制如图 2-104 所示的空间直线。

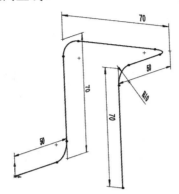

图 2-104 空间直线

操作步骤如下：

(1) 单击草图工具栏中的【3D 草图】按钮，进入 3D 草图绘制环境。

(2) 单击╱按钮，在坐标原点位置绘制长度分别为 50 mm 和 70 mm 的直线，如图 2-105(a) 所示。

(3) 切换到 YZ 平面，绘制 70 mm 和 50 mm 的直线，如图 2-105(b)、(c)所示。

(4) 绘制长度为 70 mm 的直线，如图 2-105(d)所示。

(5) 单击╮按钮，绘制如图 2-105(e)、(f)所示的圆角。

最后，保存图像文件。

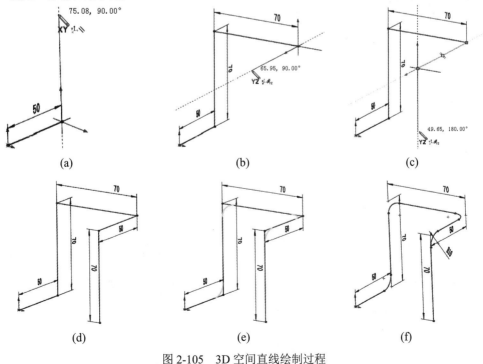

图 2-105 3D 空间直线绘制过程

2.8　草图绘制总结

根据草图绘制的基本流程，将草图操作要点总结如下：

1. 在实际绘制草图时，应该考虑的因素

(1) 有关设计的哪些信息是已知的？草图设计应该灵活以便于修改。

(2) 在设计中哪些特征是重要的，哪些特征是相互关联的？

(3) 哪些尺寸是将被用来检查的或者在工程图中生成的？哪里可能用这些尺寸来生成草图和再用这些草图尺寸在工程图中生成？

(4) 尺寸应该既用来生成工程图的尺寸，又用来为草图轮廓定义几何结构方法。

2. 绘制草图步骤

(1) 指定草图绘制平面：三个基准平面；已有特征的平面；生成的基准面。

(2) 绘制草图的基本几何形状，编辑草图的细部。

(3) 确定草图各元素间的几何关系、位置关系和定位尺寸，标注形状尺寸。

3. 绘制草图注意点

(1) 将复杂草图分解为若干简单草图，以便于约束，便于修改。

(2) 对于比较复杂的草图，避免"构造完所有的曲线，然后再加约束"，这会增加全约束的难度。一般每创建一条主要曲线，就要施加约束，同时修改尺寸至设计值，这样可减少过约束、约束矛盾等错误。

(3) 施加约束的一般次序：定位主要曲线至外部几何体，施加几何约束及少量尺寸约束。

(4) 一般情况下圆角和斜角不在草图里生成，用特征来生成。

练　习　题

绘制如图 2-106 所示的草图。

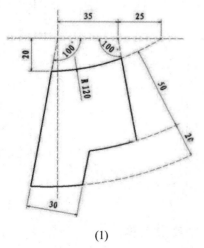

(1)

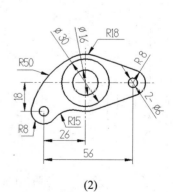

(2)

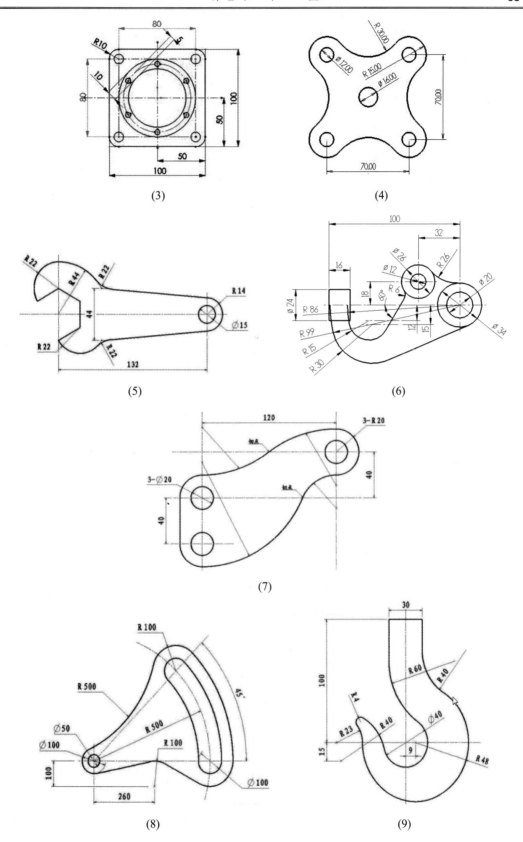

(3)

(4)

(5)

(6)

(7)

(8)

(9)

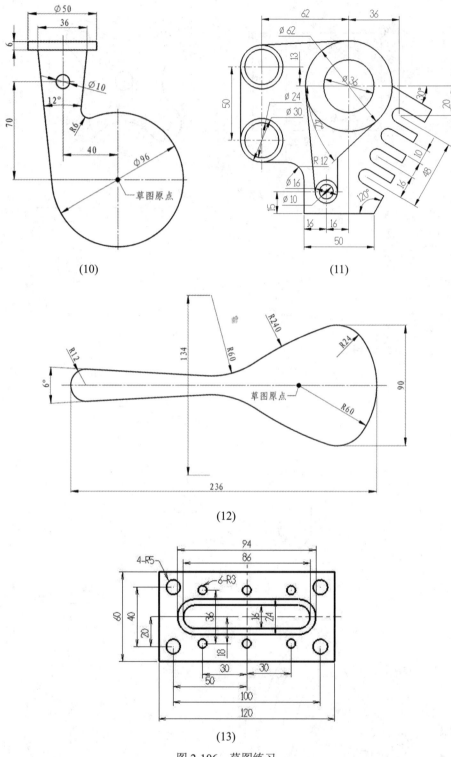

(10)

(11)

(12)

(13)

图 2-106　草图练习

第 3 章 特征建模

【本章导读】

　　本章介绍零件的组成方式、特征的分类，详细说明了基本体特征的成型原理、操作要素。在此基础上介绍附加特征、辅助特征的建模技术，讨论了特征之间的关系以及进行特征管理的方法。通过本章内容的学习，读者应掌握三维特征的建模方法及其编辑、修改操作。

【本章知识点】

　　❖ 特征工具栏
　　❖ 基础特征建模与编辑
　　❖ 附加特征建模与编辑
　　❖ 辅助特征建模与编辑

3.1 特征建模

　　特征(Feature)是各种单独的加工形状或基本体，是三维建模最基本的单元，也是三维建模的核心内容之一，各种特征组合起来就形成了不同的零件。所谓特征建模就是由各种特征组合来生成零件的构造。改变与特征相关的参数、形状与位置的定义，可以改变与模型相关的形位关系，从而改变零件的构造。特征的组合方式有三种：叠加、切除和相交，任何复杂的零件都可以看出是由多个简单特征(如基本体)经某种组合而成。其中叠加指多个基本体堆积在一起；切除是指零件基本体被切割掉多个部分后形成的；相交则是指多个基本体相交或相切。如图 3-1 所示，上方的零件模型可以由下方的基本体进行组合得到。

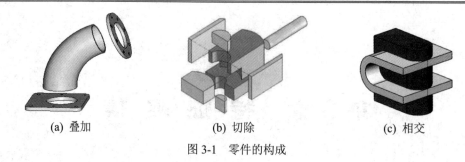

(a) 叠加　　　　　　　　　(b) 切除　　　　　　　　　(c) 相交

图 3-1　零件的构成

3.1.1　SolidWorks 特征

在 SolidWorks 中，建模特征一般分为基础建模特征、附加建模特征和辅助建模特征三类，主要包括拉伸、拉伸切除、旋转、旋转切除、扫描切除、放样切割、线性阵列、镜像、孔、抽壳、筋、拔模、包覆、变形特征等。在零件建模、装配操作时经常用到的辅助轴、平面、坐标系等通常称为基准特征，也称为参考几何体。另外在自定义的特征命令的模块中还提供了曲线、曲面、造型、钣金造型等高级特征。

在系统菜单栏【工具】|【自定义】|【工具栏】中勾选【特征】选项可以在视图中显示【特征】工具栏，如图 3-2 所示。菜单栏【工具】|【自定义】|【命令】【特征】可以看到系统的所有特征按钮，如图 3-3 所示。可以拖拽所选择的特征按钮到工具栏上。

图 3-2　【特征】工具栏

图 3-3　特征按钮

3.1.2　特征建模流程

特征建模的基本流程如下：

(1) 新建零件，进行草图绘制。

(2) 在【特征】工具栏选择【拉伸凸台/基体】【旋转凸台/基体】【扫描】【放样凸台/基体】等工具完成特征实体的初步绘制。如果草图是一个完整图形，系统只允许使用【拉伸凸台/基体】与【旋转凸台/基体】。如果绘制了两个以上不同的草图，系统允许使用【扫描】【放样凸台/基体】工具。

(3) 选取新的面，绘制新的草图。

(4) 选择【拉伸凸台/基体】【旋转凸台/基体】【扫描】【放样凸台/基体】等工具进行更复杂的特征实体绘制，或通过【拉伸切除】【旋转切除】【扫描切除】【放样切割】【边界切除】等工具对上述实体造型进行切除。这些工具需要在绘制新的草图后才能使用。

(5) 使用【圆角】【筋】等工具对已有造型进行修改。

(6) 通过【拔模】【抽壳】等命令进行更多的造型。

(7) 通过【镜像】【线性阵列】等工具复制特征到新位置。

其中，第(2)～(4)步操作是基于草图来创建特征实体，第(5)～(7)步的操作是基于特征实体进行操作的。

3.2　基 本 特 征

基本特征是基于草图创建的特征，完成最基本的三维几何体造型任务。在三维造型中，基本特征的地位相当于二维草图中的基本图元，如点、直线和圆；或相当于电路中最基本的与门、或门和非门电路。建立基本特征的第一步均是选择绘制平面建立草图，因此它们也被称为"基于草图的特征"。

3.2.1　拉伸

拉伸特征是将一个草图描述的截面沿指定的方向(一般情况下是沿垂直于截面方向)延伸一段距离后所形成的特征。拉伸可对闭环和开环草图进行实体拉伸，如果草图是开环的，只能将其拉伸为薄壁；如果草图为闭环的，既可以选择拉伸为薄壁特征，也可以选择拉伸为实体特征。

1. 基本命令

单击【特征】工具栏上的【拉伸凸台/基体】按钮，选择基准平面(进入草图绘制环境完成草图绘制后)或现有草图后，属性管理器才显示【凸台-拉伸】面板，如图3-4所示。

各选项组的命令如下：

1) 【从】选项组

(1) 草图基准面：从草图所在的基准面开始拉伸，是默认的拉伸选项。

(2) 曲面/面/基准面：从曲面/面/基准面开始拉伸，实体可以是平面或者曲面，平面实体也不必与草图基准面平行。

(3) 顶点：从选择的顶点位置开始拉伸。

(4) 等距：从与当前草图基准面等距的基准面开始拉伸。

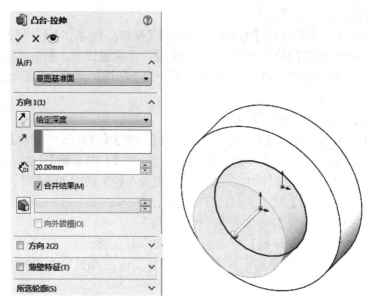

图 3-4　拉伸特征

2)【方向 1(1)】/【方向 2(2)】选项组

设置"拉伸终止条件""拉伸方向""拉伸深度"及"拉伸拔模"等。表 3-1 列出了几种拉伸终止条件的命令。

表 3-1　实现"拉伸终止条件"的命令选项和说明

命令选项	说　明
给定深度	从草图的基准面以指定的距离延伸特征
完全贯穿	从草图的基准面拉伸特征直到贯穿所有现有的几何体
完全贯穿-两者	从草图的基准面向相反的两个方向同时拉伸，直到贯穿所有现有的几何体
成形到下一面	从草图的基准面拉伸特征到同一零件的下一面
成形到顶点	从草图基准面拉伸特征到一个顶点
成形到面	从草图的基准面拉伸特征到所选的曲面
到离指定面指定的距离	从草图的基准面拉伸特征到离指定面指定的距离
成形到实体	从草图的基准面拉伸特征到指定实体
两侧对称	从草图基准面向两个方向对称拉伸特征

其余命令选项说明如下：

(1) 反向：单击反向按钮来改变拉伸方向。

(2) 合并结果：将所产生的实体合并到现有实体。如果不选，将生成不同实体。

(3) 拔模开关：新增拔模的拉伸特征，设定拔模角度。

3) 【薄壁特征】选项组

这一选项组可以控制拉伸薄壁厚度，该选项组的命令选项如下。

(1) 反向：单击反向按钮来改变添加薄壁厚度方向。

(2) 单向：草图向内/外添加薄壁体积。

(3) 两侧对称：通过以草图为中心，在草图两侧对称添加薄壁体积。

(4) 双向：在草图两侧添加薄壁体积，方向 1(1)下的厚度是指从草图向外添加薄壁体积，方向 2(2)下的厚度是指草图向内添加薄壁体积。方向 1(1)厚度包括【单向】和【两侧对称】薄壁特征设定命令选项。

4) 【所选轮廓】选项组

该选项组下可提供草图轮廓和模型边缘生成拉伸命令选项。允许使用部分草图。

2. 成型要素

拉伸操作要点如下：

(1) 草图：开环或者闭环。草图开环是指轮廓不闭合。如果草图存在自相交叉或者出现分离轮廓，那么在拉伸时需要对轮廓进行选择。多个分离的草图同时进行拉伸将会形成多个实体。

(2) 拉伸方向：设置特征延伸的方向，有正反两个方向。

(3) 终止条件：设置特征延伸末端的位置。

(4) 拔模开/关：为实体添加斜度。

(5) 薄壁条件：可以得到薄壁体。用于设置拉伸的壁厚，有正反两个方向。

3. 拉伸切除

【拉伸切除】命令的使用与【拉伸凸台/基体】几乎一样，差别在于【拉伸凸台/基体】是添加材料的命令，【拉伸切除】是去除材料的命令。可以参考拉伸凸台的相关命令进行操作。

4. 拉伸实例

实例 1：建立如图 3-5 所示模型。

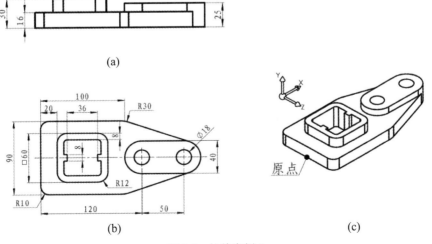

图 3-5 拉伸实例 1

操作步骤如下：

(1) 如图 3-6(a)所示，在前视基准面绘制草图；拉伸长度设置为 16 mm，结果如图 3-6(b)所示。

(2) 在前视基准面新建草图，点击草图工具栏⊡⊡按钮，绘制槽口参数如图 3-6(c)所示，拉伸长度设置为 25 mm；在底面绘制长为 60 mm 的正方形、圆角设置为 12 mm，拉伸长度设置为 30 mm，结果如图 3-6(d)所示。

(3) 在前视基准面新建草图，绘制直径为 18 mm 的圆，点击⊥，选择圆与底部的圆台边线添加同心约束；选择正方形凸台表面，单击草图工具栏□按钮，转换实体引用以生成正方形边线，点击⊏按钮，向内等距实体设置为 8 mm。按图 3-6(e)对生成的草图进行修改。

(4) 对草图进行拉伸切除，终止条件为完全贯穿，如图 3-6(f)所示，保存文件。

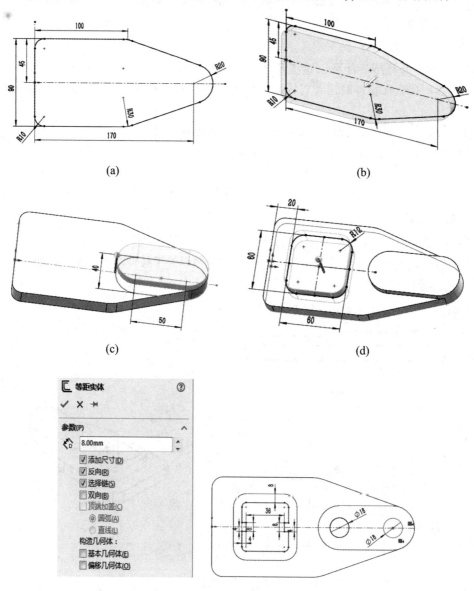

(a)　　　　　　　　　　(b)

(c)　　　　　　　　　　(d)

(e)

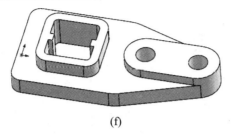

(f)

图 3-6　拉伸实例 1 建模过程

实例 2：建立如图 3-7 所示的模型。

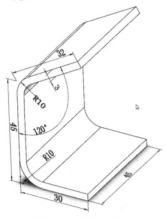

图 3-7　拉伸实例 2

操作如下：

(1) 选择基准面绘制草图，尺寸如图 3-8(a)所示。

(2) 单击工具栏 (拉伸)按钮，使薄壁拉伸 45 mm，具体如图 3-8(b)、(c)所示。

(3) 单击 ，完成操作，保存文件如图 3-8(d)所示。

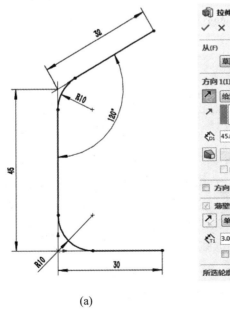

(a)

(b)

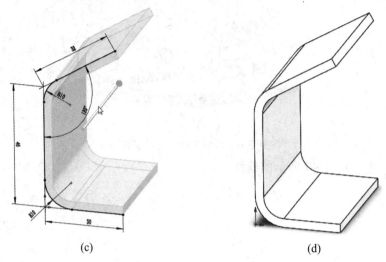

(c)　　　　　　　　　　　　　　　　　(d)

图 3-8　拉伸实例 2 建模过程

3.2.2　旋转

旋转特征是由特征截面绕中心线旋转而成的一类特征，它适用于构造回转体零件。实体旋转特征的草图可以包含一个或多个闭环的非相交轮廓，对于包含多个轮廓的基体旋转特征的草图，其中一个轮廓必须包含所有的其他轮廓。薄壁或曲面旋转特征的草图只能包含一个开环或闭环的非相交轮廓，轮廓不能与中心线交叉。如果草图包含一条以上的中心线，则选择一条中心线作旋转轴。

1. 基本命令

进入草图模式绘制一个草图，草图包含一个或多个轮廓和一条中心线、直线或边线作为特征旋转所绕的轴。单击【特征】工具栏上的【旋转凸台/基体】按钮，或在菜单栏执行【插入】|【凸台/基体】|【旋转】命令。显示【旋转】属性管理器，如图 3-9 所示。各选项组中选项含义如下：

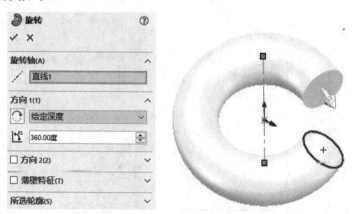

图 3-9　旋转特征

(1)【旋转轴】：选择某一特征旋转所绕的轴，可能为一条中心线、直线或边线。

(2)【方向 1(1)】：两个方向选项组。

根据草图基准面定义旋转方向，包括给定深度、成型到一顶点、成型到一面、成型到距指定面的指定距离、两侧对称，与拉伸类型类似。其余选项含义如下：

反向：单击反向按钮来改变旋转方向。

合并结果：将所产生的实体合并到现有实体。不选，将生成不同实体。

角度：定义旋转的角度，默认为 360°，角度以顺时针根据所选草图基准面测量。

(3)【薄壁特征】选项组：定义厚度的方向。

① 反向：单击反向按钮可改变添加薄壁厚度的方向。

② 单向：草图向内/外添加薄壁厚度。

③ 两侧对称：通过以草图为中心，在草图两侧对称添加薄壁厚度。

④ 双向：在草图两侧添加薄壁厚度，方向 1(1)厚度是从草图向外添加薄壁厚度，方向 2(2)厚度是草图向内添加薄壁厚度。方向 1(1)厚度为【单向】和【两侧对称】薄壁特征设定厚度。

(4)【所选轮廓】选项组。该选项组包括草图轮廓和模型边缘生成旋转命令选项，允许使用部分草图。

2. 成型要素

旋转操作要点如下：

(1) 草图：允许开环或者闭环。草图开环时可以形成旋转薄壁特征。

(2) 旋转轴：可以是草图中的一条直线，也可以是草图之外的一条中心线。

(3) 草图和旋转轴位置要求：二者不允许交叉，这是旋转特征成功运用的基本原则。

3. 旋转切除

【旋转切除】命令的使用与【旋转凸台/基体】几乎一样，差别在于【旋转凸台/基体】是添加材料的命令，【旋转切除】是去除材料的命令。可以参考旋转凸台的相关命令进行操作。

4. 旋转实例

绘制如图 3-10 所示的带轮。

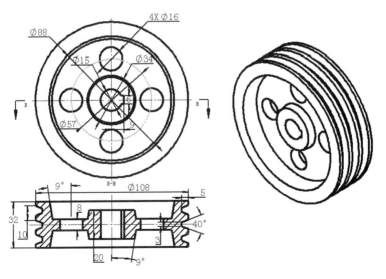

图 3-10　旋转实例

操作如下：

(1) 选择基准面绘制草图，尺寸如图 3-11(a)所示。

(2) 单击工具栏【旋转】按钮，进行 360 度旋转，结果如图 3-11(b)所示。

(3) 选择基准面绘制草图，尺寸如图 3-11(c)所示。

(4) 单击工具栏【旋转切除】按钮，进行 360 度旋转切除，结果如图 3-11(d)所示。

(5) 选择端面绘制草图，尺寸如图 3-11(e)所示。

(6) 单击工具栏【拉伸切除】按钮，结果如图 3-11(f)所示。

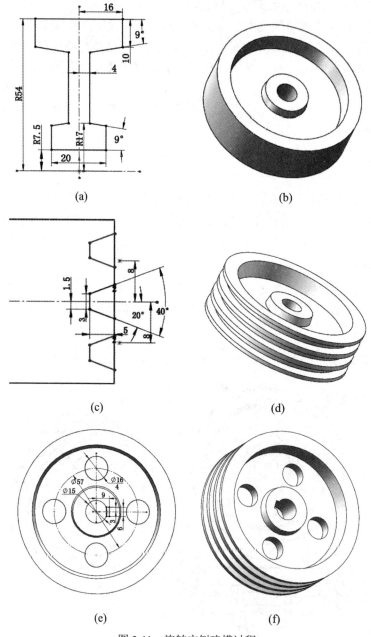

图 3-11　旋转实例建模过程

3.2.3　参考几何体

参考几何体主要包括基准面、基准轴、坐标系与点 4 个部分。在菜单栏执行【插入】|
【参考几何体】或者单击工具栏按钮，跳出参考几何体菜单，如图 3-12 所示。

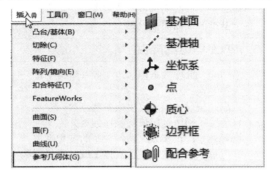

图 3-12　参考几何体菜单

1. 点

点，也叫基准点，可以在草图中插入点，也可以在 SolidWorks 零件中插入点。

1) 命令

单击【参考几何体】工具栏上的 ● 按钮，或选择【插入】|【参考几何体】|【点】命令，
出现点属性管理器，如图 3-13(a)所示。表 3-2 给出"点的定义"命令选项和说明。

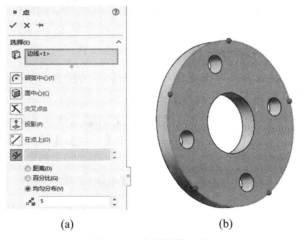

(a)　　　　　　　　　　(b)

图 3-13　点属性管理器

表 3-2　"点的定义"命令选项和说明

命令选项	说　　　明
参考实体	显示用来生成参考点的所选实体。可在下列实体的交点处创建参考点： (1) 轴和平面；(2) 轴和曲面，包括平面和非平面；(3) 两个轴
圆弧中心	在所选圆弧或圆的中心生成参考点
面中心	在所选面的质量中心生成参考点。可选择平面或非平面
交叉点	在两个所选实体的交点处，如边线、曲线及草图线段生成参考点

续表

命令选项	说　　明
投影	生成从一实体投影到另一实体的参考点。选择两个实体：投影的实体及投影到的实体。 　　可将点、曲线的端点及草图线段、实体的顶点及曲面投影到面。点将垂直于基准面或面而被投影
在点上	可以在草图点和草图区域末端上生成参考点
沿曲线距离或多个参考点	沿边线、曲线或草图线段生成一组参考点。选择实体然后使用这些选项生成参考点 　　距离：按设定的距离生成参考点数。 　　百分比：指所选实体的长度的百分比。 　　均匀分布：在实体上均匀分布的参考点数。 　　参考点数：设定沿所选实体生成的参考点数

2) 实例

生成参考点的操作步骤如下：

(1) 单击【参考几何体】工具栏上的 ● 按钮，选择沿曲线距离或多个参考点 ✢ 命令选项。

(2) 选择边线，点的分布类型选择均匀分布。参考点数的数量输入 5。

单击管理器中 ✔ 按钮，生成 5 个参考点，如图 3-13(b)所示。

2. 基准面

基准面主要用于零件图和装配图中，可以利用基准面来绘制草图，生成模型的剖面视图，用于拔模特征中的中性面等。

1) 命令

创建基准面的具体命令为：单击【参考几何体】工具栏上的基准面按钮 ▥，或选择菜单栏【插入】|【参考几何体】|【基准面】命令。

(1) 在【基准面】属性管理器中，为【第一参考】的 ▥ 选择一个实体。系统根据选择的对象生成最可能的基准面。可以在【第一参考】下选择【平行】、【垂直】等选项来修改基准面，如图 3-14(a)所示。

(2) 根据需要选择【第二参考】和【第三参考】来定义基准面。

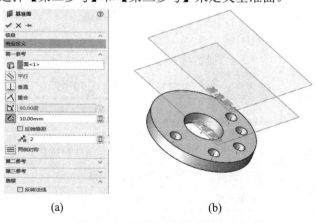

(a)　　　　　　　　　(b)

图 3-14　【基准面】属性管理器

"创建基准面"的命令选项有六类，如表 3-3 所示。

表 3-3 创建基准面的命令选项和说明

命令选项	说　　明
直线/点	创建一个通过边线、轴或者草图线及点，或者通过三点的基准面
点和平行面	创建通过点且平行于基准面或者面的基准面
夹角	创建通过一条边线、轴线或者草图线，并与一个面或者基准面成一定角度的基准面
等距距离	创建平行于一个基准面或面，并等距指定距离的基准面
垂直于曲线	创建通过一个点且垂直于一条边线或者曲线的基准面
曲面切平面	创建一个与空间面或圆形曲面相切于一点的基准面

2) 实例

生成参考基准面的操作步骤如下：

(1) 单击【参考几何体】工具栏上的基准面按钮 ▥。

(2) 在属性管理器中，【第一参考】的 ▣ 选择"法兰上表面"。

(3) 单击【垂直】选项。

(4) 【第二参考】选择参考点 8，单击【重合】选项。

(5) 【第三参考】选择参考点 6，单击【重合】选项。

单击管理器中 ✔ 按钮，生成参考基准面，如图 3-14(b)所示。

3. 基准轴

基准轴通常在草图几何体或者特征阵列中使用。

1) 命令

每一个圆柱和圆锥面都有一条轴线。临时轴是由模型中的圆锥和圆柱隐含生成的，可以单击菜单栏中的【视图】|【临时轴】命令来隐藏或显示所有的临时轴。单击【参考几何体】工具栏 ∕ 按钮或【插入】|【参考几何体】|【基准轴】命令。出现【基准轴】属性管理器如图 3-15(a)所示。"创建基准轴"的命令选项有五类，见表 3-4。

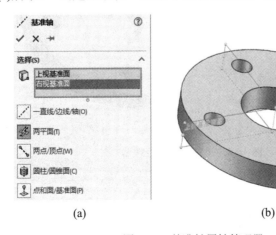

(a) (b)

图 3-15 基准轴属性管理器

表 3-4　创建基准轴的命令选项和说明

命令选项	说　　　明
直线/边线/轴	选择一草图实体的直线、边线或者轴，创建所选直线所在的轴线
两平面	将所选两平面的交线作为基准轴
两点/顶点	将 2 个点或者 2 个顶点的连线作为基准轴
圆柱/圆锥面	选择圆柱面或圆锥面，将其临时轴确定为基准面
点和面/基准面	选择一曲面或者基准面以及顶点、点或者中点，创建一个通过所选点并且垂直于所选面的基准轴

2) 实例

生成基准轴的操作步骤如下：

(1) 单击【参考几何体】工具栏上按钮 ✏。

(2) 在属性管理器中，设置【选择】选项组：在 🔲 选择"上视基准面"、"右视基准面"。

(3) 单击 🔗 两平面。

单击管理器中 ✅ 按钮，生成基准轴，结果如图 3-15(b)所示。

4. 坐标系

坐标系命令主要用来定义零件或装配体的坐标系。此坐标系与测量和质量属性工具一同使用，可用于将 SolidWorks 文件输出为 IGES、STL、ACIS、STEP、Parasolid、VRML 或 VDA 文件。

1) 命令

单击【参考几何体】工具栏 ↳ 按钮或选择【插入】|【参考几何体】|【坐标系】命令。出现坐标系属性管理器，如图 3-16(a)所示。

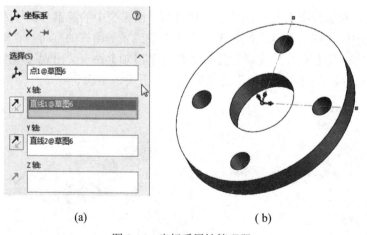

(a)　　　　　　　　　　　　　(b)

图 3-16　坐标系属性管理器

2) 实例

生成坐标系的操作步骤如下：

(1) 单击参考几何体工具栏上按钮 ↳。

(2) 在属性管理器中，设置【选择】项目组：↳ 选择"点 1"为草图原点，X 轴、Y

轴分别选择"直线1"和"直线2"为两条中心线。

(3) 单击 ↗ 按钮,选择对应方向。

单击管理器中 ✔ 按钮,生成坐标系,结果如图3-16(b)所示。

3.2.4 多实体建模

SolidWorks能够完成实体的逻辑运算,包括添加、删减、共同,即相当于求和、求差、求与布尔运算。

1. 多实体方法

SolidWorks产生特征的时候,软件默认自动完成实体组合,但是可以选择不自动完成实体组合,或者删除组合关系,经过处理之后再行组合。另外,也可以将单个的外部零件作为一个实体,插入到基体零件中,按照配合关系放置好外部零件之后,再进行实体的组合,做成一个零件。多实体环境下的主要应用方法包括如下几个方面。

1) 桥接

利用实体把不连续实体进行组合称为桥接。桥接的方法为:先完成零件两端不连续的实体,然后再合并为一个实体。

2) 局部操作

在零件中存在不同的实体的情况下,用户可以单独对每个实体进行操作,例如抽壳、圆角、倒角等,不影响其他实体。

3) 实体之间的布尔运算

在SolidWorks中,可以利用实体【组合】工具进行布尔运算,包括添加、删减、共同三个选项,实现零件特征构造。

2. 实例

绘制如图3-17所示的多实体。

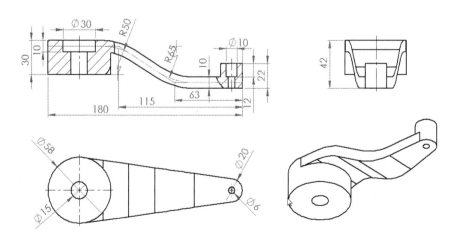

图 3-17 多实体实例

操作步骤如下：

(1) 选择前视基准面绘制草图，尺寸如图 3-18(a)所示。

(2) 点击工具栏 按钮，使薄壁两侧对称拉伸 60 mm，结果如图 3-18(b)所示。

(3) 选择上视基准面绘制如图 3-18(c)所示草图，向上拉伸为 50 mm，选择不与前面操作得到的实体合并，结果如图 3-18(d)所示。

(4) 选择菜单栏【插入】|【特征】|【组合】命令，弹出【组合】对话框，选择建好的两个实体，【操作类型】选择【共同】。单击 ，得到组合后的实体模型，结果如图 3-18(e)所示。

(5) 分别选择组合体两端面绘制草图，进行拉伸凸台/切除操作。得到最终模型如图 3-18(f)所示，保存文件。

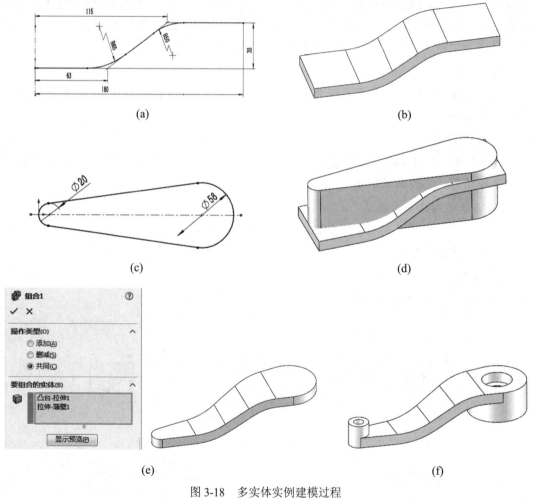

图 3-18　多实体实例建模过程

3. 多实体技术设计特点

1) 多实体零件可以作为工具实体

对于通用设计部分，通常采用两种方法来处理：作为特征库应用和作为工具实体应用。作为工具实体应用时，将通用部分作为一个多实体零件处理，可在其他零件中插入这个工具实体。

2) 处理外部输入文件

外部输入的零件作为独立的实体存在，不具有特征，无法修改。不过，可以采用多实体方法处理外部输入零件：从多实体零件形成装配体，再分别对不同的零件进行细化设计。这是常用的设计方法。对于包含多个零件的产品设计，可以从单零件开始，然后把零件拆分为不同实体，保存为装配体后再进行细化设计。

3.2.5　扫描

扫描特征是指由二维草绘平面沿一平面或空间轨迹线扫描而成的一类特征。沿着一条路径移动轮廓(截面)可以生成或切除基体、凸台或曲面。

1. 基本命令

单击【特征】工具栏上的🐛(扫描)按钮，或者在菜单栏执行【插入】|【凸台/基体】|【扫描】命令。显示图 3-19 所示的扫描属性管理器，选项组中各选项的含义如下：

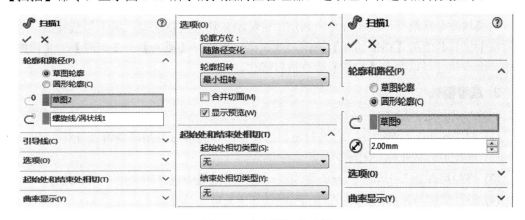

图 3-19　扫描属性管理器

1) 草图轮廓

(1) 【轮廓和路径】选项组：设置扫描切除的轮廓和路径。

① 轮廓：设定用来生成扫描的草图轮廓/截面，基体或凸台扫描特征的轮廓应为闭环，曲面扫描特征的轮廓可为开环或闭环。

② 路径：设定轮廓扫描的路径。路径可以是开环或闭环，是草图中的一组绘制的曲线、一条曲线或一组模型边线。路径的起点必须位于轮廓的基准面上。

(2) 【选项】选项组：设置轮廓方向。

① 轮廓方位：随路径变化，草图轮廓随路径的变化而变换方向，其法线与路径相切。

② 轮廓扭转：保持法向不变，草图轮廓保持法线方向不变。

③ 显示预览：显示扫描的截面。

(3) 【引导线】选项组：在图形区域中选择轮廓来生成旋转。

① 引导线：在轮廓沿路径扫描时加以引导的线。可在图形区域选择引导线。

② 上移和下移：调整引导线的顺序。选择引导线后可利用此按钮调整轮廓顺序。

③ 合并平滑的面：取消选中此复选框可以改进引导线扫描的性能，并在引导线或路径不是曲率连续的所有点处分割扫描。

利用引导线可以生成截面随着路径变化而变化的扫描。生成扫描特征之前，需要注意几点：

① 应该先生成扫描路径和引导线，然后再生成截面轮廓；

② 引导线必须和轮廓相交于一点，作为扫描曲面的顶点；

③ 最好在截面草图上添加引导线上的点与截面相交处之间的穿透关系。

扫描路径和引导线的长度可能不同，如果引导线比扫描路径长，扫描将使用扫描路径的长度；如果引导线比扫描路径短，扫描将使用最短的引导线长度。

(4) 【起始处/结束处相切】选项组：设置起始处和结束处相切类型。

(5) 【特征范围】选项组：涉及的特征实体。

2) 圆形轮廓

如果选择该选项，只要输入圆形轮廓直径与路径草图即可。

2. 扫描切除

扫描切除是指沿开环或闭合路径通过闭合轮廓来切除实体模型，属于切割特征。单击【特征】工具栏上的【扫描切除】按钮。或在菜单栏执行【插入】|【切除】|【扫描】命令。命令执行可以参考【扫描】命令进行操作。

3. 成型要素

扫描操作的要点如下：

(1) 扫描轮廓必须是闭环，若为曲面扫描特征，则轮廓可以闭环也可以开环。

(2) 路径可以是开环或闭环。

(3) 路径可以是一张草图、一条曲线或一组模型边线中包含的一组草图曲线。

(4) 路径必须与轮廓的平面交叉，起点必须在轮廓的基准面上。

(5) 不论是截面、路径还是所形成的实体，都不能出现自相交叉的情况。

(6) 引导线必须与轮廓或轮廓草图中的点重合。

4. 扫描实例

实例 1：建立如图 3-20 所示的模型。

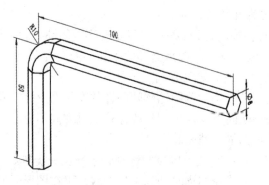

图 3-20　扫描模型 1

操作步骤如下：

(1) 绘制路径，选择任一基准面绘制草图 1，如图 3-21(a)所示。

(2) 退出草图 1，单击工具栏■按钮，弹出如图 3-21(b)所示【基准面】属性管理器。【第一参考】选择草图 1 绘制的直线 2，设定【垂直】并勾选【将原点设在曲线上】。【第二参考】选择直线端点，设定【重合】，结果如图 3-21(c)所示。

(3) 绘制轮廓，在新建的基准面 1 上绘制正六边形得到草图 2，如图 3-21(d)所示。

(4) 退出草图 2，单击工具栏🐛按钮，弹出扫描属性管理器，如图 3-21(e)所示，选择【草图轮廓】，选择【草图 1】(折线)作为【路径】，选择【草图 2】(正六边形)作为【轮廓】，单击✔，得到扫描的实体模型，如图 3-21(f)所示。如果要修改草图，单击目录树【扫描 1】旁的下拉按钮，选择【草图编辑】。如果要对模型进行编辑，只需要右键单击目录树【扫描 1】，在快捷菜单中选择【编辑特征】，也可以压缩选择的草图或特征。

(5) 压缩草图 2。如图 3-21(g)所示，在基准面 1 新建草图 3，绘制椭圆。

(6) 绘制引导线，在前视基准面新建草图 4 绘制引导线；在上视基准面新建草图 5 绘制引导线。如图 3-21(g)所示。约束引导线端点"穿透"椭圆。

(7) 如图 3-21(h)(i)所示，单击工具栏【🐛扫描】按钮，选择【草图轮廓】，选择草图 1(折线)作为路径，选择草图 3(椭圆)作为轮廓。分别选择草图 4、草图 5 作为引导线。单击✔，得到扫描的实体模型，如图 3-21(j)所示。

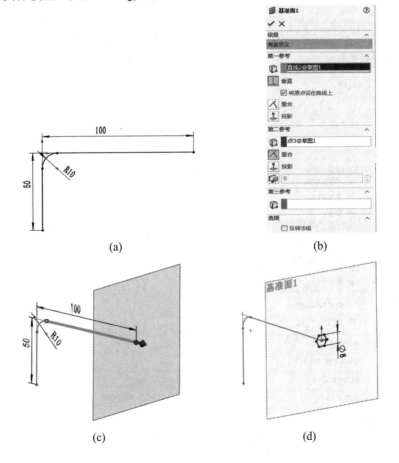

(a)　　　　　　　　　　　　　(b)

(c)　　　　　　　　　　　　　(d)

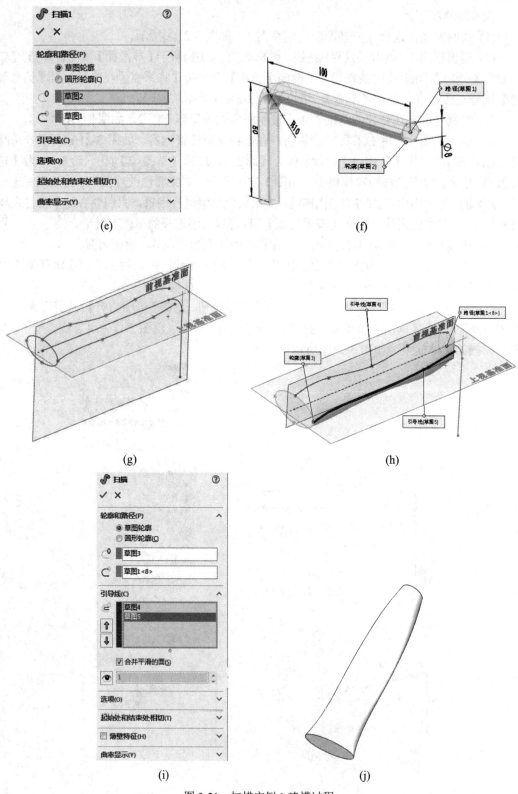

图 3-21　扫描实例 1 建模过程

实例2：建立如图3-22所示的模型。

操作步骤如下：

(1) 首先画螺旋线作为路径。选择任一基准面新建草图1绘制直径为50 mm的圆。不退出草图，点击菜单栏【插入】|【曲线】|【螺旋线/涡状线】命令。在属性管理器中设定【定义方式】为【螺距和圈数】，【参数】选【恒定螺距】，【螺距】设置为7.00 mm，【圈数】设置为7.25，【起始角度】设置为0.00度，选【顺时针】方向，如图3-23(a)所示。确定后得到直径为50 mm，螺距为7 mm的螺旋线，如图3-23(b)所示。

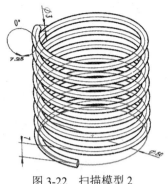

图3-22　扫描模型2

(2) 新建基准面，单击工具栏█按钮，弹出属性管理器。【第一参考】选择螺旋线，设定【垂直】并勾选【原点设在曲线上】。【第二参考】选择螺旋线端点，设定【重合】，确定后得到如图3-23(c)所示图像。

(3) 在新建的基准面绘制直径为3 mm的圆，得到草图2并退出。单击工具栏🖊按钮。如图3-23(d)所示，选择【草图2】作为【轮廓】，选择【螺旋线/涡状线1】作为【路径】。

(4) 单击✔，得到扫描的实体模型，如图3-23(e)所示。

(5) 右键单击目录树中的螺旋线(见图3-23(f))，选择编辑特征。在属性管理器中勾选【锥形螺纹线】并设定角度为15度，确定得到如图3-23(g)所示锥形弹簧。

(6) 重新编辑螺旋线。属性管理器中【参数】选【可变螺距】，编辑每一圈的螺距与直径，如图3-23(h)所示，确定得到如图3-23(i)所示弹簧。

在"螺旋线/涡状线"属性管理器中，【定义方式】中共有以下四种选项：【螺距和圈数】【高度与圈数】【高度与螺距】【涡状线】。可以根据需要选择前三种之一绘制螺旋线。涡状线是平面曲线，输入的参数与螺旋线相同，图3-23(j)、(k)、(l)分别为涡状线的属性管理器、目标树中的涡状线和扫描模型。

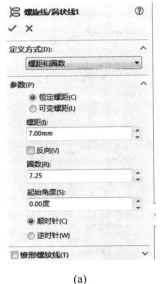

(a)

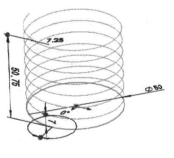

(b)

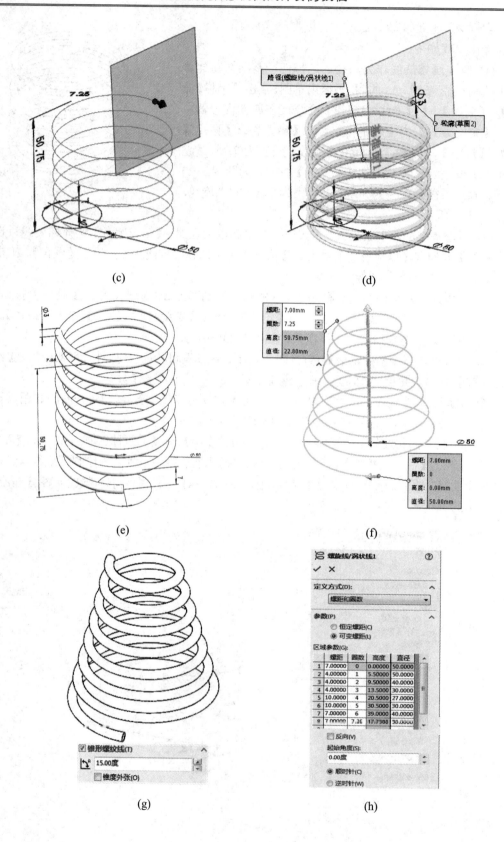

(c)

(d)

(e)

(f)

(g)

(h)

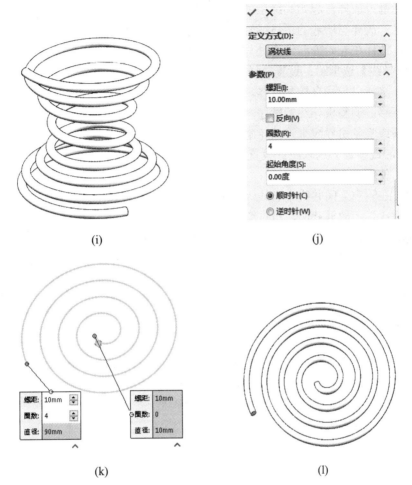

(i)　　　　　　　　　　　　　(j)

(k)　　　　　　　　　　　　　(l)

图 3-23　扫描模型 2 建模过程

在实际应用中，螺纹线生成以后，可以继续用 3D 草图工具编辑，得到更复杂的空间曲线及弹簧。

3.2.6　放样

所谓放样是指连接多个剖面或轮廓形成的基体、凸台，通过在轮廓之间进行过渡来生成特征。放样特征需要连接多个面上的轮廓，这些面可以平行也可以相交。

1. 基本命令

单击【特征】工具栏上的 ▲ 按钮。或在菜单栏执行【插入】|【凸台/基体】|【放样】命令。放样属性管理器如图 3-24 所示，选项组和各选项组下的命令选项的说明如下：

(1)【轮廓】选项组：设置放样切除轮廓。

轮廓：决定用来生成放样的轮廓，可以是要连接的草图轮廓、面或边线。

上移和下移：调整轮廓的顺序。选择某一轮廓可用此按钮调整轮廓顺序。

(2)【起始/结束约束】选项组：应用约束以控制开始和结束轮廓的相切。

无：不应用相切；

垂直于轮廓：放样在起始和终止处与轮廓的草图基准面垂直；

方向向量：放样与所选的边线或轴相切，或与所选基准面的法线相切；

所有面：放样在起始处和终止处与现有几何的相邻面相切。

(3)【引导线】选项组：设置放样引导线。

引导线：选择引导线来控制放样。

上移和下移：调整引导线的顺序。

通过一条或多条引导线来连接轮廓，生成引导线放样特征。

(4)【中心线参数】选项组：设置中心线参数。

中心线：使用中心线引导形状。

截面数：在轮廓之间并绕中心线添加截面。移动滑杆可调整截面数。

显示截面：显示放样截面，单击微调按钮来显示截面。

中心线放样：将一条变化的引导线作为中心线进行的放样，在中心线放样特征中，所有中间截面的草图基准面都与此中心线垂直。中心线放样特征的中心线必须与每个闭环轮廓的内部区域相交，而不是像引导线放样那样，引导线必须与每个轮廓线相交。

(5)【草图工具】选项组：使用 Selection Manager(选择管理)选取草图实体。

(6)【选项】选项组：设置放样切除选项。

合并切面：如果对应的线段相切，则使所生成的放样的曲面合并。

闭合放样：沿放样方向生成闭合实体。自动连接第一或最后一个草图。

显示预览：显示放样的上色预览，取消选中此复选框则只观看路径和引导线。

(7)【曲率显示】选项组：显示放样的。

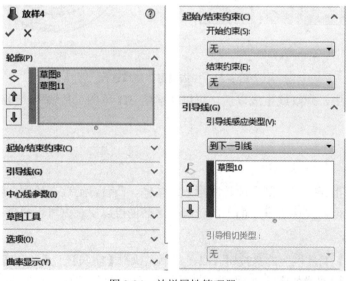

图 3-24　放样属性管理器

2. 放样切除

放样切除是指在两个或多个轮廓之间通过移除材质来切除实体模型。单击【特征】工具栏上的【放样切除】按钮或在菜单栏执行【插入】|【切除】|【边界】命令。放样切除命令执行可以参考放样命令进行操作。

3. 成型要素

放样操作要点如下:

(1) 引导线必须与草图轮廓相交,数量不受限制。

(2) 引导线可以是任何草图曲线、模型边线或曲线,可以相交。

(3) 引导线可以比放样特征长,放样终止于最短的引导线的末端。

4. 放样实例

实例 1:建立如图 3-25 所示的模型。

操作如下:

(1) 新建基准面 1,单击工具栏按钮,弹出基准面 1 属性管理器。【第一参考】选择【前视基准面】, (偏移距离)设置为 50.00 mm,具体如图 3-26(a)所示。同样新建基准面 2、基准面 3,并在各基准面上绘制如图 3-26(b)所示的各草图,退出各草图。

(2) 单击工具栏按钮,弹出放样属性管理器如图 3-26(c)所示,在【轮廓】中按草图上下顺序依次选择各草图图形, 如图 3-26(d)所示,选择图形位置时注意保证连接图形接头的样条曲线平滑无扭曲。

(3) 单击 ,得到实体模型,如图 3-26(e)所示。

(4) 压缩放样 1,从上视基准面新建草图 5,绘制如图 3-26(f)所示曲线作为【中心线】。

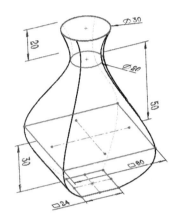

图 3-25 放样实例 1

(5) 单击工具栏按钮。在属性管理器中选择【草图 1】、【草图 3】作为【轮廓】,选择【草图 5】作为【中心线】,结果如图 3-26(g)所示。

(6) 单击 ,得到中心线放样模型,如图 3-26(h)所示,删除中心线,放样效果如图 3-26(i)所示。

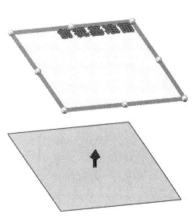

(a)

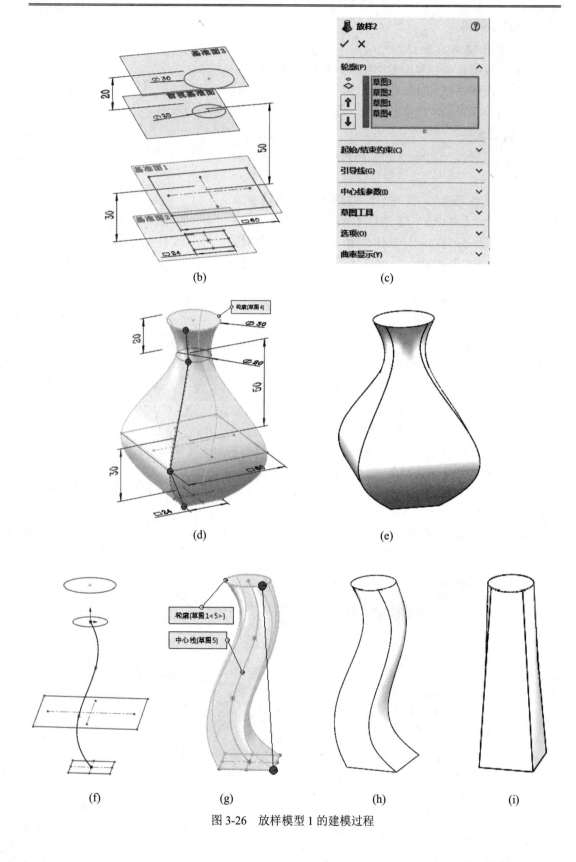

图 3-26　放样模型 1 的建模过程

实例 2：建立如图 3-27 所示模型。

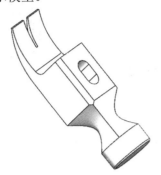

图 3-27 放样模型 2

操作步骤如下：

(1) 新建基准面 1，点击工具栏 按钮，如图 3-28(a)所示。新建基准面 1、基准面 2、基准面 3，并在各基准面上绘制各草图，各草图绘制完后，退出各草图。

(2) 单击工具栏 按钮。在扫描属性管理器【轮廓】中按草图上下顺序依次选择各草图图形，单击 ✔，建立扫描模型，如图 3-28(b)所示。

(3) 在前视基准面新建草图绘制直径为 30 mm 的圆，拉伸到下一面，如图 3-28(c)所示。在模型上端面绘制边长为 30 mm 的正方形，凸台拉伸设置为 35 mm，如图 3-28(d)所示。

(4) 绘制引导线，如图 3-28(e)所示，在模型侧面新建草图绘制半径为 50 mm、圆心角为 45 度的圆弧，约束圆弧与长方体棱线相切、起点位于长方体顶点。退出草图。

(5) 绘制轮廓 1，点击工具栏 按钮，在属性管理器【第一参考】选择【圆弧】，设定【垂直】并勾选【原点设在曲线上】。【第二参考】选择【圆弧端点】，设定【重合】，结果如图 3-28(f)所示，新建基准面 7。在基准面 7 上绘制长为 30 mm、宽为 1 mm 的长方形，结果如图 3-28(g)所示。

(6) 绘制【草图 11】作为【轮廓 2】，在长方体上端面绘制长方形，如图 3-28(h)所示。

(7) 单击工具栏 按钮。在扫描属性管理器【轮廓】中按草图上下顺序依次选择轮廓 1、轮廓 2，选择【圆弧】作【引导线】，如图 3-28(i)所示，单击 ✔，建立扫描模型，如图 3-28(j)所示。

(8) 在模型侧面建草图如图 3-28(k)所示，作拉伸切除，结果如图 3-28(l)所示。

(9) 对模型相关边线作圆角倒角处理，最终模型如图 3-28(m)所示。

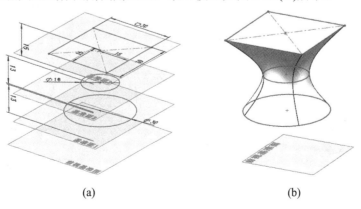

(a)   (b)

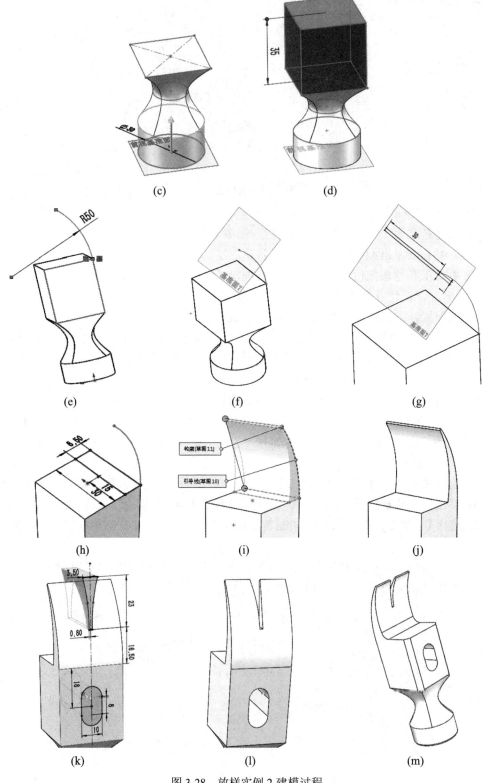

图 3-28　放样实例 2 建模过程

SolidWorks 特征工具中有【边界凸台/边界切除】命令，与放样的操作、功能类似。但二者成型原理不一样。扫描主要是采用曲率控制成型，而放样主要是采用抛物线控制成型。扫描特征与放样特征的区别比较明显，对比如图 3-29 所示。

扫描：轮廓、路径、引导线生成扫描。

放样：多个轮廓过渡生成放样。

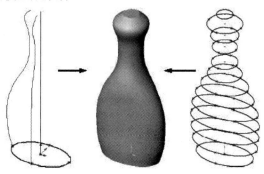

图 3-29　扫描与放样对比

3.3　附 加 特 征

附加特征是基于特征实体的特征添加、修饰，使零件特征更加优化、美观、易于加工并赋予特定功能。

3.3.1　圆角与倒角

圆角、倒角特征普遍应用于机械零件，其具体操作说明如下：

1. 圆角

在工具栏单击 按钮，可以使用圆角命令。系统弹出圆角属性管理器如图 3-30(a)所示，通过属性管理器创建圆角的示例见表 3-4。其中各选项含义如下：

1) 手工

【圆角类型】选项组：包括有 4 种圆角类型。

(1) (恒定大小圆角)选项。

半径：此文本框用来输入圆角的半径值。

边线、面、特征和环：选择倒圆角对象。

(2) (变量大小圆角)选项。

变半径：圆角半径是变化的。

(3) (面圆角)选项。

面圆角：用于在两个相邻面的相交处创建圆角。

注意：面圆角特征只能用于两个相交的平面或曲面。

(4) (完整圆角)选项。

完整圆角：完整圆角可针对相邻 3 个实体表面对中间面整体倒圆角。

2) FilletXpert

选择 FilletXpert 圆角类型，如图 3-30(b)所示，可以创建等半径圆角，并可对其中任意一个圆角的半径值进行修改。

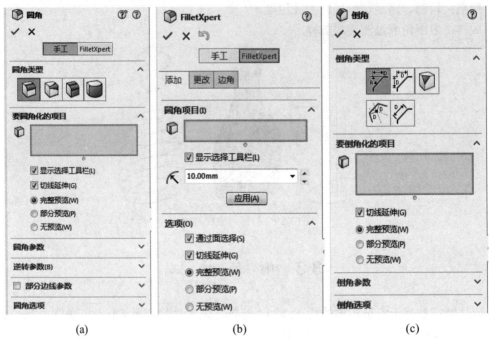

(a)　　　　　　　　　　(b)　　　　　　　　　　(c)

图 3-30　圆角、FilletXpert 倒角属性管理器

表 3-4　创建圆角示例

圆角类型	初始状态	圆角对象	操作说明	结果
恒定大小圆角			边线圆角	
			面圆角	
			多半径圆角	
			逆转参数	
			不逆转参数	

续表

圆角类型	初始状态	圆角对象	操作说明	结果
恒定大小圆角			切线延伸	
			无切线延伸	
			保持特征	
			不保持特征	
			保持边线	
			保持曲面	
			保持圆形角	
			不保持圆形角	
变量大小圆角			变半径圆角	
面圆角			在两个相邻面的相交处创建圆角	
完整圆角			针对相邻3个实体表面对中间面整体倒圆角	

2. 倒角

在工具栏单击 按钮，系统弹出倒角属性管理器如图 3-30(c)所示，其中各选项含义如下：

(1) 【倒角类型】选项组：包括有 5 种类型，倒角类型选项组的示例见表 3-5。

(角度距离)选项：输入角度和距离值创建倒角。

(距离-距离)选项：输入两个距离来创建倒角。

(顶点)选项：输入三个距离来创建倒角。

(等距面)选项：输入与选择面间的距离创建倒角。

(面-面)选项：选择不同平面创建倒角。

(2) 【要倒角化的项目】选项组：选择要倒角的实体。

切除延伸：选中之后所选边线延伸至被截断处。

完整预览：选中之后显示所有边线的倒角预览。

部分预览：选中之后只显示一条边线的倒角预览。

无预览：不显示倒角预览。

(3) 【倒角参数】选项组：输入参数。

反转方向：用于反转倒角方向。

距离：设置倒角尺寸。

角度：设置倒角的角度。

(4) 【倒角选项】默认选择：通过面选择，保持特征。

表 3-5　倒角类型选项组示例

倒角类型	初始状态	倒角对象	操作说明	结果
角度距离	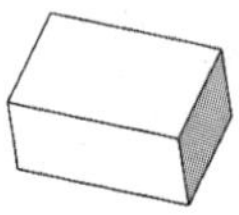	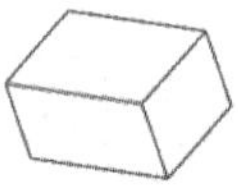	边线倒角	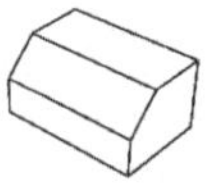
		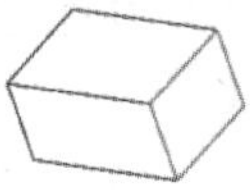	面倒角	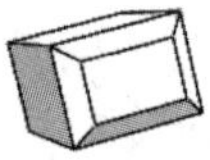
	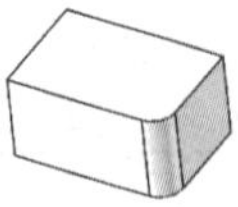	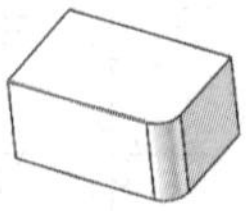	切线延伸	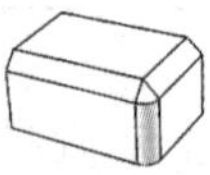
			无切线延伸	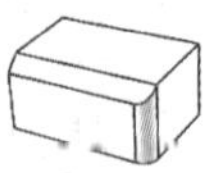
			保持特征	

续表

倒角类型	初始状态	倒角对象	操作说明	结果
角度距离			不保持特征	
距离-距离			边线倒角	
顶点			顶点倒角	
等距面			输入与选择面距离间的距离创建倒角	
			输入部分边线参数，与起点、终点偏距	
面-面			选择不同平面创建倒角	

3. 实例

绘制如图 3-31 所示的模型。

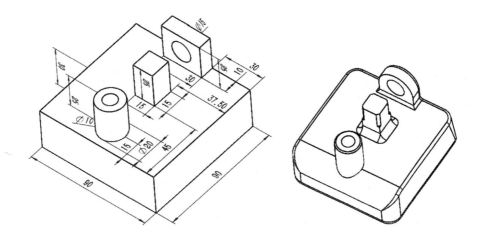

图 3-31　圆角倒角模型

操作步骤如下：

(1) 新建或打开模型文件，单击工具栏 按钮，系统弹出圆角属性管理器，【特征类型】选择【恒定大小圆角】，勾选【多半径圆角】，【要圆角化的项目】选择模型前端面的 3 条棱线，依次输入圆角半径，如图 3-32(a)所示，单击 。

(2) 在圆角属性管理器中，选择【完整圆角】，【要圆角化的项目】选择模型中带孔板的 3 个面，如图 3-32(b)所示，单击 。

(3) 在圆角属性管理器中，选择【恒定大小圆角】，【要圆角化的项目】选择模型中长方体底边的 4 条边，如图 3-32(c)所示，输入参数，【圆角选项】中勾选【圆形角】，单击 。选择带孔板的 3 条底边作同样操作，【圆角选项】中不勾选【圆形角】，单击 ，如图 3-32(d)所示。

(4) 在圆角属性管理器中，选择【变量大小圆角】，【要圆角化的项目】选择模型底座的 2 条棱线，如图 3-32(e)所示输入参数，单击 。

(5) 在圆角属性管理器中，选择【恒定大小圆角】，【要圆角化的项目】选择模型底面，如图 3-32(f)所示，输入参数，单击 。

(6) 在圆角属性管理器中，选择【恒定大小圆角】，【要圆角化的项目】选择模型带孔板侧边，如图 3-32(g)所示，输入参数，注意勾选【切线延伸】，单击 。

(7) 单击工具栏 按钮，系统弹出倒角属性管理器，【要倒角化的项目】选择模型中圆柱体端面外轮廓，如图 3-32(h)所示，输入参数，单击 。

(8) 在倒角属性管理器，【倒角类型】选择【等距面】，【要倒角化的项目】选择模型中长方体侧面的 4 条棱边，勾选【部分边线参数】，分别设定 4 条棱边的起点与终点间的距离，如图 3-32(i)所示，单击 。

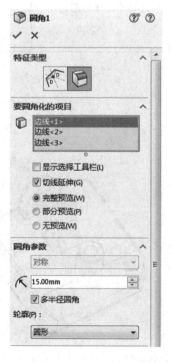
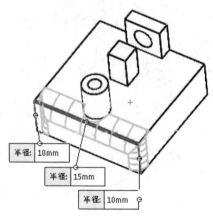

(a)

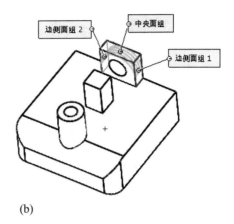

(b)

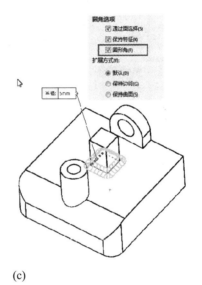

(c)

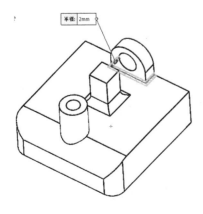

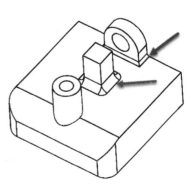

(d)

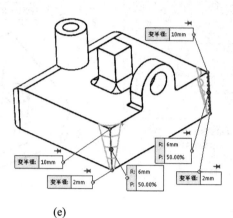

(e)

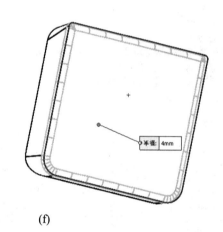

(f)

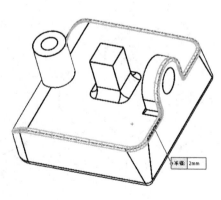

(g)

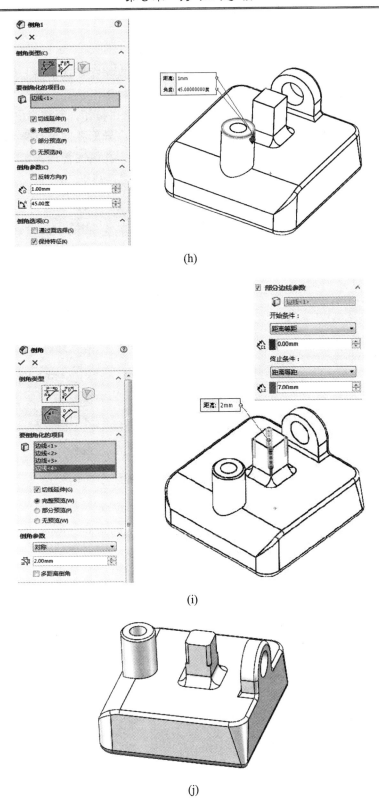

(h)

(i)

(j)

图 3-32 圆角、倒角模型生成过程

3.3.2　孔

孔分为简单直孔与异型孔。简单直孔的特征是可以直接在所选平面上打孔；异形孔向导可以按照不同的标准快速建立各种复杂的异形孔，如柱形沉头孔、锥形沉头孔、螺纹孔及槽口。工具栏按钮为：（简单直孔）和（异型孔）。单击按钮，系统弹出孔属性管理器，简单直孔定位后只需要输入孔大小、孔深度的数值即可；异形孔向导有两个标签，分别用于设定孔的类型和位置，操作时可在这些标签之间转换。孔属性管理器如图 3-33 所示。

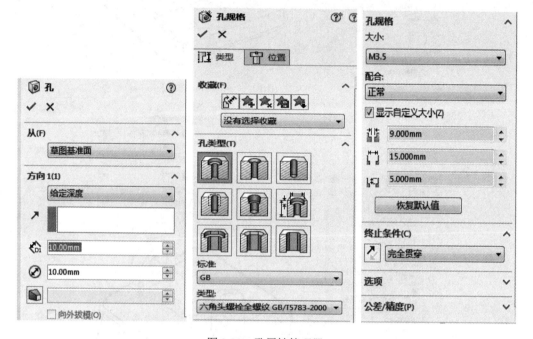

图 3-33　孔属性管理器

孔属性管理器各选项含义如下：

1. 类型

【孔类型】：设定孔类型、标准与类型。

【孔规格】：包括孔大小、配合。

【终止条件】：设定孔深度。

【选项】：设定孔细节尺寸，如螺钉间隙等。

【公差/精度】：设定孔标注公差与精度。

2. 位置

定位异型孔向导，使用尺寸和其他草图工具来定位孔中心。

3.3.3　筋

筋是指从开环或闭环绘制的轮廓所生成的特殊类型拉伸特征，并且在轮廓与现有零件之间添加指定方向和厚度的材料。

1. 命令

在工具栏单击 ﹏(筋)按钮，系统弹出筋属性管理器，其中各选项含义如下：

1)【参数】选项组

(1) 厚度：① 第一边；② 两侧；③ 第二边。

(2) 筋厚度：输入筋板的厚度值。

(3) 拉伸方向：① 平行于草图；② 垂直于草图；③ 反转材料方向。

(4) 拔模：输入拔模的角度。

(5) 类型：① 线性；② 自然。

2)【所选轮廓】选项组

本选项组用来选择筋的草图轮廓。

操作方法：新建或打开模型文件，首先在右视基准面绘制直线，端点与模型的两个面重合。单击工具栏 ﹏按钮，系统弹出筋属性管理器。选择【厚度】为 ﹏(两侧)，输入筋厚度为 8.00 mm，单击 ✔，具体如图 3-34 所示。

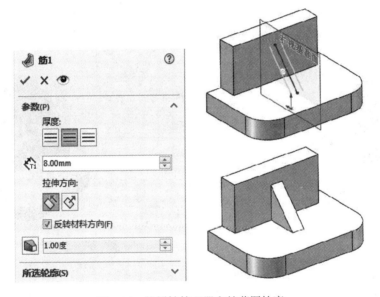

图 3-34 筋属性管理器和筋草图轮廓

2. 成型要素

筋操作要点为：

(1) 草图可以是开环或闭环。

(2) 筋草图延伸方向必须能够与已有实体相交。

3. 实例

操作步骤如下：

(1) 新建或打开模型文件如图 3-35(a)所示，首先在右视基准面绘制直线，端点与模型的两个面重合，如图 3-35(b)所示。单击工具栏 ﹏按钮，系统弹出筋属性管理器。选择【厚度】为 ﹏(两侧)，输入筋厚度为 8.00 mm，单击 ✔，效果如图 3-35(c)所示。

（2）单击工具栏 按钮，选择侧板前端面放置通孔，如图 3-35(d)所示。孔的定位可以在草图中编辑。

（3）单击工具栏 按钮，【孔类型】设定为 (柱形沉头孔)，【终止条件】设定为【完全贯穿】，【孔规格】参数如图 3-35(e)所示，孔设定为与圆角同心，单击 ，完成建模。

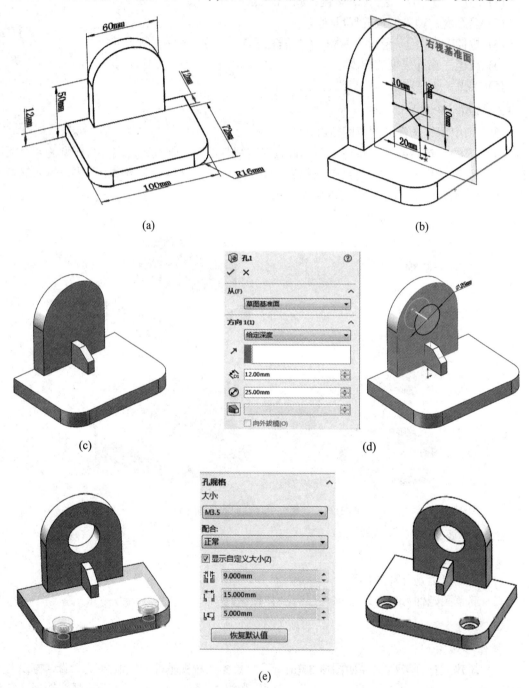

图 3-35　孔与筋实例

3.3.4　抽壳

按照一定的壁厚要求，从一个或多个面开始将零件的内部掏空，使所选面敞开并保持其他厚度的特征称为抽壳特征。在工具栏单击 (抽壳)按钮，系统弹出抽壳属性管理器，其中各选项组含义如下：

1. 【参数】选项组

(1) 厚度：输入厚度的数值，为抽壳后实体的壁厚。

(2) 移除的面：要抽掉的面。

(3) 壳厚朝外：壳厚方向。

(4) 显示预览：显示抽壳预览。

2. 【多厚度设定】选项组

(1) 多厚度。

(2) 多厚度面。

操作方法：新建或打开模型文件，为便于观察可以将模型剖面显示。单击工具栏 按钮，系统弹出抽壳属性管理器。【移除的面】选择圆柱的两个端面，输入 (壁厚)为 3.00 mm，单击 。具体如图 3-36 所示。

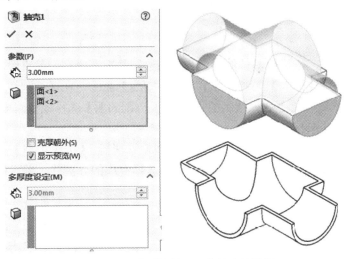

图 3-36　抽壳属性管理器和抽壳效果图

3.3.5　拔模

拔模可以将选择的实体面斜削一定角度，也就是将垂直的面斜削为具有坡度的面。拔模使型腔零件更容易脱出模具。这里以中性面/分型线为拔模参考。

1. 命令

在工具栏单击 (拔模)按钮，系统弹出拔模属性管理器，其中各选项组说明如下：

1) 【手工】选项组

(1) 中性面拔模：以中性面为拔模参考。

操作方法：单击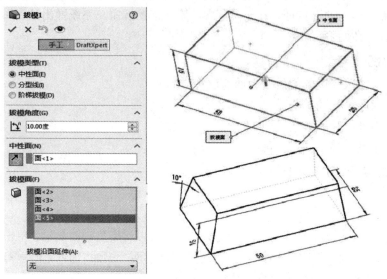按钮，弹出拔模属性管理器，【拔模类型】选择【中性面】，【拔模面】选择模型的四个侧面，【中性面】选择底面，输入(拔模角度)为 10.00 度。单击，完成拔模如图 3-37 所示。

图 3-37　中性面拔模

(2) 分型线拔模：以分型线为拔模参考。

操作步骤如下：

首先设置分型线。以拔模基体的顶面为草图绘制基准面绘制一条直线，单击【确定】按钮。选择下拉菜单【插入】|【曲线】|【分割线】命令，在【分割线】属性管理器中进行设置，【要投影的草图】选择绘制的直线，【要分割的面】选择模型四个侧面。单击，得到分型线，如图 3-38(a)所示。

再设置拔模特征。单击按钮，系统弹出属性管理器，【拔模类型】选择【分型线】，【拔模方向】选择模型的侧面边线，【分型线】选择生成的分割线，输入(拔模角度)为 10.00 度。单击，完成拔模如图 3-38(b)所示。

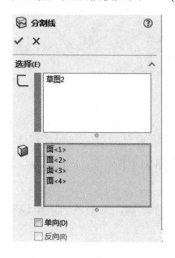
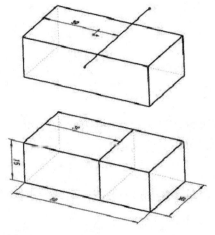

(a)

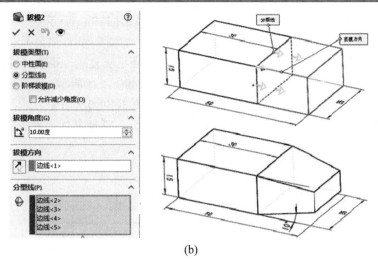

(b)

图 3-38　分型线拔模

(3) 阶梯拔模：以中性面为拔模参考，使用分型线控制拔模操作范围。

2) 【DraftXpert】选项组

通过 DraftXpert 类型，可以输入拔模角、中性面、拔模面，由系统自动创建拔模体，并可对拔模对象的参数值进行修改。

2. 成型要素

拔模操作要点：

(1) 拔模操作的对象称为拔模面，是实体中的某一个面。中性面是拔模操作中的参考面，操作中中性面不发生变化。

(2) 拔模过程需先选择中性面并指定拔模方向和参考特征，然后选择拔模类型，指定拔模面。

3. 实例

绘制如图 3-39 所示模型。

图 3-39　拔模模型

操作步骤如下：

(1) 如图 3-40(a)所示，在前视基准面绘制草图，两侧对称拉伸，长度为 70 mm。

(2) 如图 3-40(b)所示，以底面为中性面，以四个侧面作为拔模面，设置拔模角为 10 度进行拔模。

(3) 选择四个侧边棱线作圆角，两侧圆角半径分别为 30.00 mm、20.00 mm；选择上表面棱线作圆角，圆角半径为 5 mm，如图 3-40(c)、(d)所示。

(4) 选择底面为移除面抽壳,厚度为 2 mm,结果如图 3-40(e)所示。

(5) 选择上视基准面/底面作草图,进行拉伸切除,如图 3-40(f)、(g)所示。

(6) 作与右视基准面距离为 70 的基准面,在基准面绘制直线,距离底边设为 2,作筋特征拉伸,厚度为 2,向外拔模角度设为 3 度,如图 3-40(h)、(i)所示;在筋底面绘制直线,如图 3-40(j)所示,按前述参数作筋特征拉伸,结果如图 3-40(k)所示。

(7) 选择筋底面作草图,进行拉伸,如图 3-40(l)所示;选择零件上表面,建立 M3.5 螺纹通孔,如图 3-40(m)所示。

(8) 如图 3-40(n)所示,选择筋侧边棱线作半径为 2 的圆角,结果如图 3-40(o)所示,保存文件。

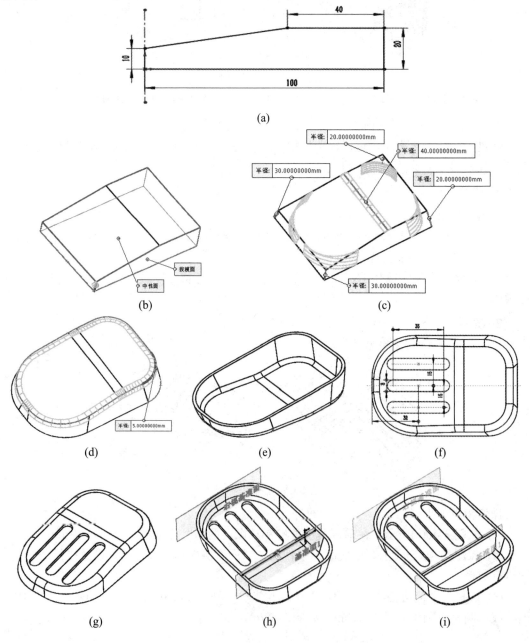

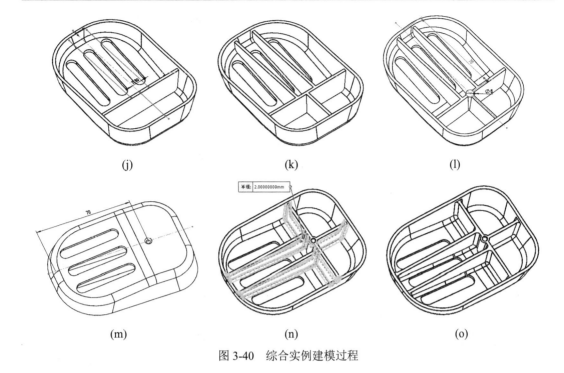

(j)　　　　　　　　(k)　　　　　　　　(l)

(m)　　　　　　　　(n)　　　　　　　　(o)

图 3-40　综合实例建模过程

3.3.6　包覆

包覆可以将草图包覆到平面或非平面上。首先建立与目标曲面切面平行的草图基准面，作出图形或文字草图。

1. 命令

单击工具栏上的 📠(包覆)按钮，或单击菜单栏【插入】|【特征】|【包覆】命令。弹出包覆属性管理器如图 3-41 所示，其中各选项含义如下：

(1)【包覆类型】选项组：

📠(浮雕)：在面上生成一突起特征。

📠(蚀雕)：在面上生成一缩进特征。

📠(刻划)：在面上生成一草图轮廓的压印。

(2)【包覆方法】选项组：📠(分析)，📠(样条曲面)。

(3)【包覆参数】选项组：

📠(源草图)：选定绘制图案的草图。

📠(包覆草图的面)：待包覆的平面或曲面。

📠(厚度)：图案的厚度。

(4)【拔模方向】选项组：选择 ↗(拔模方向)等参数。

图 3-41　包覆属性管理器

2. 实例

绘制如图 3-42(c)所示模型。

操作步骤如下：

(1) 在前视基准面作出一边为样条曲线的曲边四边形草图，对称拉伸得到如图 3-42(a) 所示模型。

(2) 以与样条曲面相对的底面为草图平面，绘制椭圆及 "Solid-Works" 逆序镜面字符，如图 3-42(b)所示。

(3) 单击工具栏 🗔(包覆)按钮，【包覆类型】选择 🐚(浮雕)，【包覆草图的面】选择曲面，厚度设置为 2.00 mm，单击 ✅，结果如图 3-42(c)所示。

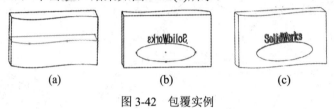

（a）　　　　　　　　　（b）　　　　　　　　　（c）

图 3-42　包覆实例

3.3.7　变形特征

变形是虚拟改变模型的一种简单方法。使用变形特征可以改变复杂曲面或实体模型的局部或整体形状，无需考虑用于生成模型的草图或特征约束。单击工具栏 🔷(变形)按钮，弹出变形属性管理器，如图 3-43 所示。首先创建一个长方体模型，在长方体前端面创建样条曲线草图，在长方体左侧端面创建圆柱体，圆柱体不与原实体合并结果，如图 3-44(a)所示。

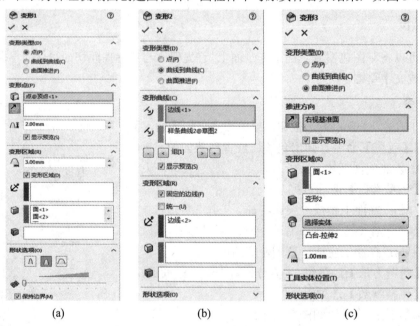

（a）　　　　　　　　　（b）　　　　　　　　　（c）

图 3-43　变形属性管理器

实现变形特征有以下 3 种方式：

1. 点变形

【变形类型】选择【点】，变形点可以是模型表面上任意的点，默认的变形方向是该点位置曲面的法向拉伸方向，如图 3-43(a)设置 ⋀≣(变形高度)及 ⋀(变形区域)之后，变形效果如图 3-44(b)、(c)所示。反向变形效果如图 3-44(d)所示。

2. 曲线到曲线变形

激活【变形】特征命令,【变形类型】选择【曲线到曲线】。如图 3-44(e)所示,初始曲线选择模型上的边线,目标曲线选择创建的样条曲线,如果不希望另一边变形,可以在 ⚓(固定区域)中选择固定边线,如图 3-43(b)所示,变形效果如图 3-44(f)所示。

3. 曲面推进变形

激活【变形】特征命令,【变形类型】选择【曲面推进】,如图 3-43(c)所示。【推进方向】可以设置垂直于基准面,为了不影响底部面的变形,在【变形区域】中 ⬚(面)选择圆柱体底面所在的端面,🔧(变形工具实体)选择创建的圆柱体,设置 ⚙(变形误差)为1.00mm。隐藏圆柱体,变形效果如图 3-44(g)、(h)所示。

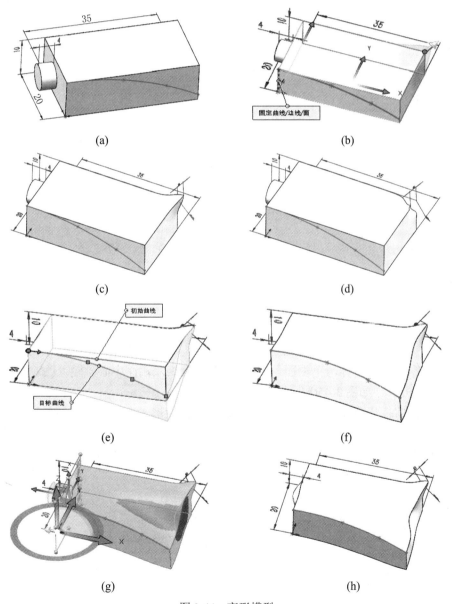

图 3-44 变形模型

3.3.8　弯曲

弯曲特征有：折弯、扭曲、锥削、伸张 4 种类型，只能够应用于实体。首先创建一个长 70，宽 30，厚度 10 的模型作为弯曲对象，单击工具栏 🗞(弯曲)按钮，或单击菜单栏【插入】|【特征】|【弯曲】命令，弹出弯曲属性管理器，如图 3-45(a)所示。

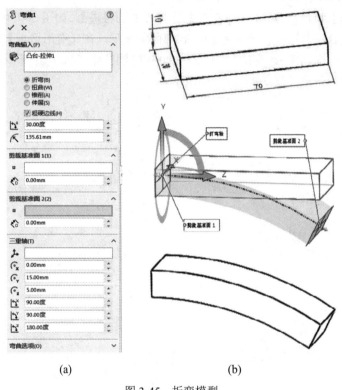

　　　　　　　(a)　　　　　　　　　　　　　　　　(b)

图 3-45　折弯模型

1. 折弯

选择【折弯】选项，【剪裁基准面 1(1)】为弯曲开始面，【剪裁基准面 2(2)】为弯曲结束面，系统默认为长方体两个端面，【三重轴】位置为左端面中心。输入 🔾(弯曲角度)为 30.00 度，点击 ✔，如图 3-45(b)所示。

通过编辑剪裁基准面与三重轴位置，可以实现其他形式弯曲。如图 3-46(a)所示，首先在模型侧面新建草图 2，作为弯曲的参考线。如图 3-46(b)所示，新建草图 3 作为【剪裁基准面 1】和【剪裁基准面 2】的定位。如图 3-46(c)所示，在弯曲属性管理器中输入参数，单击 ✔，模型向上产生 90 度的弯曲，如图 3-46(d)所示。

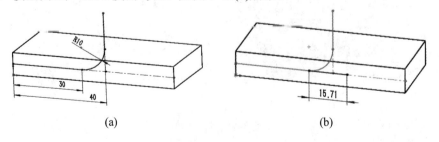

　　　　　　　(a)　　　　　　　　　　　　　　　　(b)

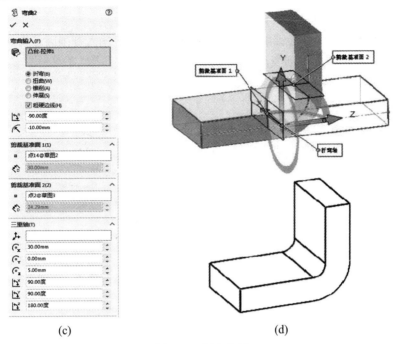

(c) (d)

图 3-46 折弯实例

图 3-47 为其余 3 种类型的属性管理器，分别为扭曲、锥削、伸展属性管理器。

(a) (b) (c)

图 3-47 扭曲、锥削、伸展属性管理器

2. 扭曲

如图 3-47(a)所示，选择【扭曲】选项，选择变形对象，输入 ↘(扭曲角度)为 20.00 度，单击 ✔，模型产生如图 3-48 所示的扭曲变形。

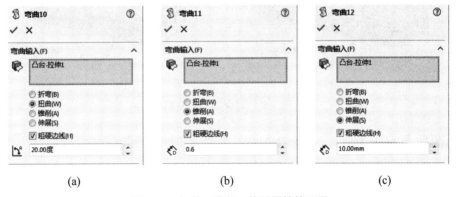

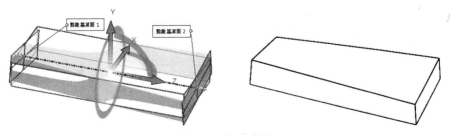

图 3-48 扭曲变形

3. 锥削

如图 3-47(b)所示，选择【锥削】选项，选择变形对象，输入锥削因子为 0.6，单击 ✔，模型产生如图 3-49 所示的锥削变形。

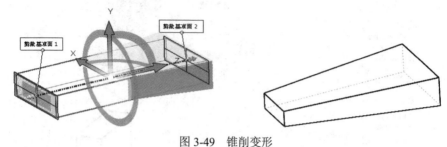

图 3-49　锥削变形

4. 伸展

如图 3-47(c)所示，选择【伸展】选项，选择变形对象，输入伸展长度为 10.00 mm，单击 ✔，模型产生伸展变形如图 3-50(a)所示。如果输入的长度为负值，模型则产生压缩变形，如图 3-50(b)所示。

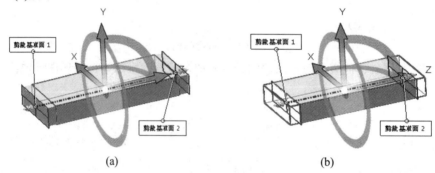

(a)　　　　　　　　　　　　　(b)

图 3-50　伸张与压缩变形

3.3.9　圆顶与自由形

圆顶是指针对实体面进行变形操作生成圆顶凸起或者凹陷。打开模型文件，点击工具栏 ⊝(圆顶)按钮，弹出圆顶属性管理器，所输入的参数与效果如图 3-51 所示。自由形特征用于修改曲面或实体的面。与圆顶特征类似，自由形特征也是针对模型表面进行变形操作，但是具有更多的控制选项。

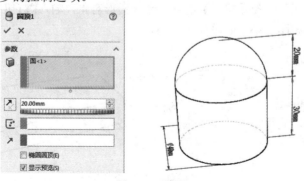

图 3-51　圆顶

3.3.10 缩放比例

当实体零件绘制比例不合适时，可通过缩放比例操作进行放大或缩小。缩放比例特征仅缩放模型几何体，在数据输出、型腔等中使用，不会缩放尺寸、草图或参考几何体。对于多实体零件，可缩放一个或多个模型的比例。打开模型文件，点击工具栏 (缩放比例)按钮，弹出缩放比例属性管理器，如图 3-52 所示，参数如下：

(1) 要缩放比例的实体和曲面或图形实体：指定要参与缩放比例的实体或曲面；此项在多实体环境下才会出现。

(2) 比例缩放点：指定缩放模型比例时所绕的实体参考点。

图 3-52 缩放

① 重心：沿其系统计算的重心调整模型比例，可参考质心建立；
② 原点：绕其原点调整模型比例；
③ 坐标系：沿用户定义的坐标系调整模型比例，需要先建立坐标系。

(3) 统一比例缩放：将所有缩放实体按照相同的比例进行缩放或单独设定三维坐标轴缩放系数进行缩放。

3.3.11 压凹

压凹是指通过使用工具实体在目标实体上生成与工具实体轮廓接近的等距袋套或凸起特征，其功能类似于钣金冲压成型，要求工具实体与目标实体不能全部为曲面实体。实例操作如下：

如图 3-53(a)所示，利用拉伸抽壳命令建立壁厚为 2 的方形壳体模型文件。如图 3-53(b)所示，在壳体中心处新建直径 10、拔模角 12 度的锥台实体。单击工具栏 (压凹)按钮，弹出压凹属性管理器，选择【目标实体】为壳体(进行抽壳操作)、 (工具实体)为锥台，输入参数 (厚度)2.00 mm， (间隙)0.20 mm，如图 3-53(c)所示。单击 ，生成压凹模型半剖视图如图 3-53(d)所示。

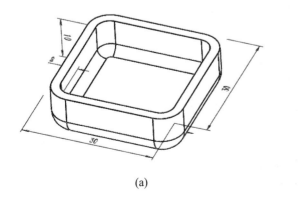

(a)

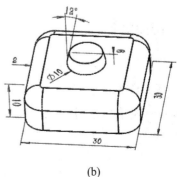

(b)

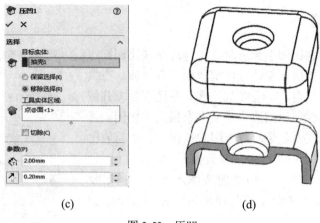

(c)　　　　　　　　　　　(d)

图 3-53　压凹

3.4　辅 助 特 征

辅助特征是基于特征实体的特征复制，又可称为复制类特征，包括阵列和镜向。阵列分为圆周阵列和线性阵列两种。将特征或实体绕一轴线方式生成多个特征或实体称为圆周阵列；将特征或实体沿一条或两条直线路径阵列称为线性阵列。镜像是指将一个或多个特征或实体沿平面复制，生成平面另一侧的特征或实体。单击菜单栏【插入】|【阵列/镜像】，或单击工具栏【线性阵列】下方的　　　(下拉)按钮可进入阵列选项，阵列菜单栏与工具栏如图 3-54 所示。

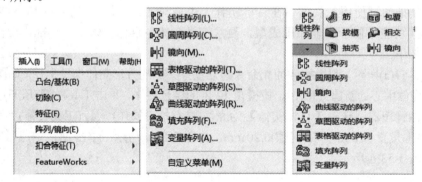

图 3-54　阵列菜单栏与工具栏

3.4.1　圆周阵列

圆周阵列属性管理器中各选项说明如下：

1.【方向】选项组

方向分为【方向 1】和【方向 2】。

(1) 阵列轴：选取阵列中心轴。

(2) 实例间距：输入阵列的间距和阵列的个数。

(3) 等间距：输入总的角度以及平均分配的个数。

2.【特征和面】选项组

(1) 要阵列的特征：使用所选择的特征作为源特征来生成阵列。

(2) 要阵列的面：通过使用构成特征的面生成阵列。

3.【实体】选项

实体的主要功能是在多实体零件中选择实体生成阵列。

4.【可跳过的实例】选项

可跳过的实例的主要功能是在生成阵列时跳过选择的阵列实例。

5.【选项】选项组

(1) 几何体阵列：对于多实体零件，采用阵列特征并使用几何体阵列时，相当于实体阵列再合并结果；几何体阵列可加速阵列的生成和重建。

(2) 延伸视像属性[①]：将颜色、纹理和装饰螺纹数据延伸给所有阵列实例。

(3) 完整预览。

(4) 部分预览。

6. 实例

设置方向 1 上的间距增量值。

如图 3-55 所示，对原零件孔特征进行阵列。点击工具栏 ![按钮] 按钮，在属性管理器中选择【阵列轴】为中心孔轴线，勾选【等间距】，【特征和面】选择孔参数，角度设置为 360.00 度，实例数设置为 5，单击 ✔，生成模型如图 3-55(a)所示。在【可跳过的实例】中指定实例，生成模型如图 3-55(b)所示。勾选【实例间距】，生成模型如图 3-55(c)所示。勾选【变化的实例】，输入 ![间距增量] (间距增量)为 10.00 度，生成模型如图 3-55(d)所示。

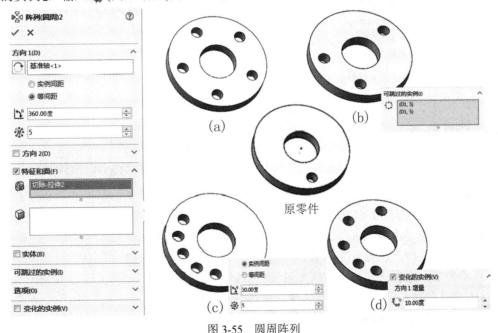

图 3-55　圆周阵列

---

① 软件中为"延伸视象属性"，后文同。

3.4.2　镜像

　　首先在长方体上建立待镜像的圆柱特征。单击工具栏 (镜像)按钮，系统弹出镜像属性管理器，各选项说明如图 3-56(a)所示。选择镜像面为右视基准面，镜像的特征为圆柱体，单击确定得到特征镜像，如图 3-56(b)所示。

　　(1)　【镜像面/基准面】：指定镜像平面。

　　(2)　【要镜像的特征】：镜像的特征可以是一个或者多个。

　　(3)　【要镜像的面】：指定要镜像的面。

　　(4)　【要镜像的实体】：镜像的实体，可以是单一实体或多实体。

　　(5)　【选项】：包括【几何体阵列】【延伸视像属性】【完整预览】【部分预览】。

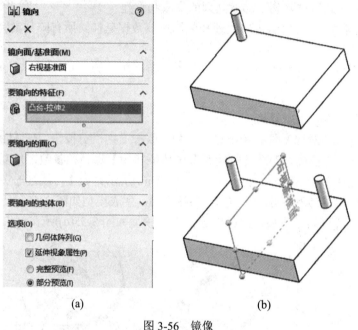

　　　　　　　(a)　　　　　　　　　　　　　　　(b)

图 3-56　镜像

3.4.3　线性阵列

　　打开模型文件，单击工具栏 (线性阵列)按钮，系统弹出线性阵列属性管理器。

1. 各选项含义

　　(1)　【方向】：方向 1 和方向 2。

　　①　阵列方向：边线、直线、轴等。

　　②　间距与实例数：设置实例数和间距。

　　③　到参考：根据选定参考几何图形设定实例数和间距。

　　·参考几何体：设定控制阵列的参考几何图形；

　　·偏移距离：输入偏移的距离；

　　·重心：从参考几何图形到阵列特征重心的偏移距离；

　　·所选参考：从参考几何图形到选定源特征几何图形之间的偏移距离作为参考。

④ 只阵列源：只在阵列方向上的阵列源特征。

(2)【特征和面】：

① 要阵列的特征：使用选择的特征作为源特征来生成阵列；

② 要阵列的面：使用构成特征的面生成阵列或选择特征的所有面；

(3)【实体】：在多实体零件中选择的实体生成阵列。

(4)【可跳过的实例】：生成阵列时选择跳过的阵列实例。

(5)【特征范围】：在多实体零件中，定义特征所属的实体范围。

(6)【选项】：

① 随形阵列：允许重复时执行阵列更改；

② 几何体阵列：对于多实体零件，采用阵列特征并使用几何体阵列时，相当于采用实体阵列再合并结果；几何体阵列可加速阵列的生成和重建；

③ 延伸视像属性：将颜色、纹理和装饰螺纹数据延伸给所有阵列实例；

④ 完整预览；

⑤ 部分预览。

(7)【变化的实例】：方向 1、方向 2 的间距增量值。

以图 3-56 中零件为例，单击工具栏 按钮，系统弹出线性阵列属性管理器。选择基底的边线作为阵列方向，参数设置如图 3-57 所示，单击 ，生成模型如图 3-57(a)所示。勾选【只阵列源】，生成模型如图 3-57(b)所示。在【可跳过的实例】中指定实例，生成模型如图 3-57(c)所示。勾选【变化的实例】，输入方向增量，生成模型如图 3-57(d)所示。

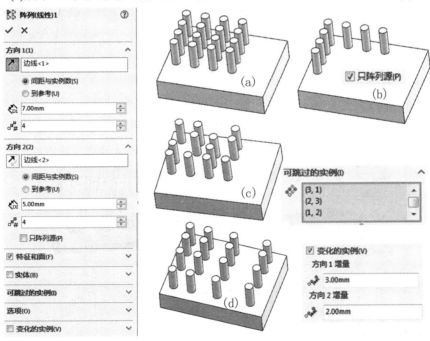

图 3-57　线性阵列

2. 实例

绘制如图 3-58(b)所示的实例模型。

(1) 建立曲边四边形并拉伸，选择上表面作草图，尺寸如图 3-58(a)所示。

(2) 对草图进行拉伸，得到阵列的源特征。单击工具栏 ⠿ 按钮，设置线性阵列属性管理器参数。选择【方向 1】为【D2@草图 2】，【特征和面】选择【凸台-拉伸 2】，勾选【选项】栏【随形变化】，进行阵列。

(3) 单击 ✔ 后，新建的阵列随基体轮廓发生变化，结果如图 3-58(b)所示。

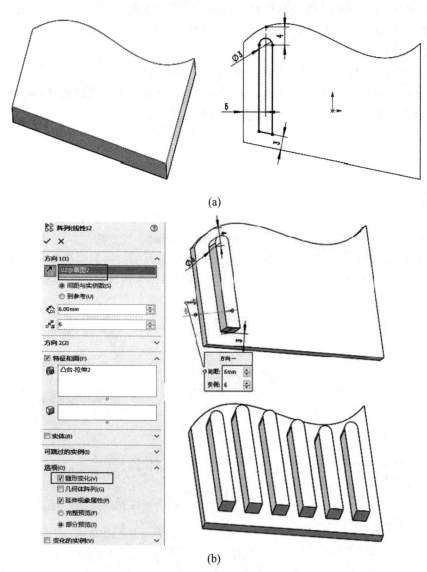

(a)

(b)

图 3-58　随形变化的线性阵列实例

3.4.4　草图驱动的阵列

以图 3-56 零件为例，在模型上表面新建草图，绘制若干个"点"，点绘制完后退出草图。单击工具栏 ⣷(草图驱动的阵列)按钮，弹出对立的属性管理器，输入参数如图 3-59(a)所示，确定后，阵列效果如图 3-59(b)所示。

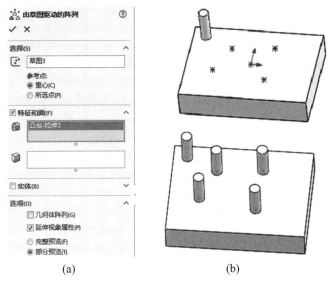

| | (a) | | (b) |

图 3-59 草图驱动的阵列

3.4.5 表格驱动的阵列

表格驱动的阵列是通过表格存储草图点的 X-Y 坐标,将特征或实体按照表格数据进行阵列的过程。打开上节所述模型,在长方体左下角为原点新建坐标系。单击工具栏▦(由表格驱动的阵列)按钮,弹出对应的属性管理器,如图 3-60(a)所示,主要参数说明如下。

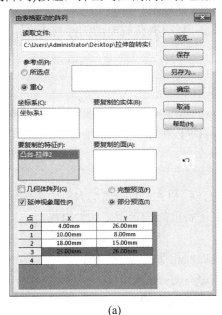

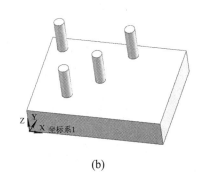

| | (a) | | (b) |

图 3-60 表格驱动的阵列

(1) 读取文件:输入带 X-Y 坐标的阵列表或文字文件,单击浏览,然后选择阵列表(*.sldptab)文件或文字(*.txt)文件来输入现有的 X-Y 坐标。

注意:用于由表格驱动的阵列的文本文件应只包含两个列:左列作为 X 坐标,右列作为 Y

坐标。两个列应由一分隔符分开，如空格、逗号或制表符。同一文本文件中可使用不同分隔符。文件中不要包括任何其他信息。

(2) 参考点：指定在放置阵列实例时 X-Y 坐标所适用的点； X-Y 坐标的参考点在阵列表中显示为点 0。

① 所选点：将参考点设定为所选顶点或草图点。

② 重心：将参考点设定为源特征的重心。

(3) 坐标系：设定用来生成表格阵列的坐标系，包括原点。

(4) 要复制的实体：选择要阵列的实体。

(5) 要复制的特征：可选择多个特征。

(6) 要复制的面：根据构成特征的面生成阵列。

(7) 几何体阵列。

(8) 延伸视像属性。

(9) 完整预览。

(10) 部分预览。

以图 3-60(b)中零件为例，以基底左下角为原点，新建坐标系 1。单击工具栏▦按钮，弹出由表格驱动的阵列的属性管理器，输入参数如图 3-60(a)所示，单击确定，生成由表格驱动的阵列。

3.4.6　曲线驱动的阵列

曲线驱动的阵列指将特征或实体按照特定的曲线进行阵列的过程。在上述模型上表面新建草图，绘制样条曲线，退出草图。单击工具栏🔧(曲线驱动的阵列)按钮，弹出其属性管理器，主要选项说明如下：

(1) 【方向 1】：方向 1 和方向 2。

① 阵列方向：选择一曲线、边线、草图实体；

② 实例数：设定阵列个数；

③ 等间距：每个阵列实例之间的分隔，取决于曲线；

④ 间距：阵列的两特征之间的距离；

⑤ 曲线方法：

· 转换曲线：从所选曲线原点到源特征的 ΔX 和 ΔY 的距离均为每个实例保留；

· 等距曲线：每个实例从所选曲线原点到源特征的垂直距离均得以保留；

⑥ 对称方法：

· 与曲线相切：对齐阵列方向所选择的与曲线相切的每个实例；

· 对齐到源：对齐每个实例以与源特征的原有对齐匹配；

⑦ 面法线：选取 3D 曲线所在的面来生成曲线驱动的阵列。

(2) 【特征和面】：

① 要阵列的特征：以选择的特征作为源特征来生成阵列；

② 要阵列的面：使用构成特征的面生成阵列或选择特征的所有面。

(3) 【实体】：选择多实体零件中的实体生成阵列。

(4) 【可跳过的实例】：生成阵列时跳过选择的阵列实例。

(5)【选项】:

① 随形阵列: 允许重复时执行阵列更改;

② 几何体阵列: 对于多实体零件, 采用阵列特征并使用几何体阵列时, 相当于采用实体阵列再合并结果; 几何体阵列可加速阵列的生成和重建;

③ 延伸现象属性: 将颜色、纹理和装饰螺纹数据延伸给所有阵列实例;

④ 完整预览;

⑤ 部分预览。

以图 3-56 中零件为例, 在零件上表面新建草图, 绘制样条曲线。单击工具栏 按钮, 弹出属性管理器,【方向 1】选择新建的样条曲线,【特征和面】选择圆柱体特征, 输入参数如图 3-61(a)所示, 单击 , 生成如图 3-61(b)所示阵列。

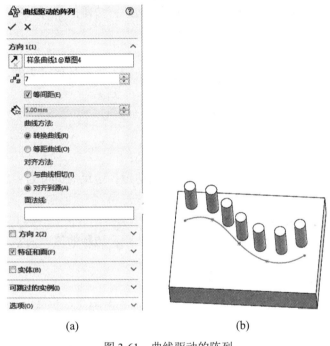

(a)   (b)

图 3-61 曲线驱动的阵列

3.4.7 填充阵列

填充阵列是指特征或实体填充有边界约束的阵列。在上述模型上表面新建草图, 绘制样条曲线, 退出草图。点击工具栏 (填充阵列)按钮, 弹出填充阵列属性管理器, 主要选项说明如下:

(1)【填充边界】: 定义要使用阵列填充的区域; 选择草图、面上的平面曲线、面或共有平面的面。

(2)【阵列布局】: 定义阵列布局的类型。

① 穿孔:

a. 实例间距: 设定实例中心间的距离。

b. 交错连续角度: 设定各实例行之间的交错断续角度, 起始点位于阵列方向所在的向量上。

c. 边距：设定填充边界与最远端实例之间的边距；边距的值可为零。

d. 阵列方向：设定方向参考。

e. 实例计数：可根据规格计算阵列中的实例数；此数量无法编辑；验证前，该值显示为红色。

f. 验证计数：验证实例计数的每个实例会影响模型几何图形。

② 圆周：

a. 环间距：设定实例环间的距离(使用中心)。

b. 目标间距。

• 实例间距：设定每个环内实例中心间的距离；

• 边距：设定填充边界与最远端实例之间的边距；边距的值可为零。

c. 每环的实例：

• 实例数：阵列的实例个数；

• 边距：设定填充边界与最远端实例之间的边距；边距的值可为零。

③ 方形：

a. 环间距：设定实例环间的距离(使用中心)。

b. 目标间距：

• 实例间距：设定每个环内实例中心间的距离；

• 边距：设定填充边界与最远端实例之间的边距；边距的值可为零。

c. 每边的实例：

• 实例数：阵列的实例个数；

• 边距：设定填充边界与最远端实例之间的边距；边距的值可为零。

④ 多边形：

a. 环间距：设定实例环间的距离(使用中心)。

b. 多边形边：设定多边形的边数。

c. 目标间距：

• 实例间距：设定每个环内实例中心间的距离；

• 边距：设定填充边界与最远端实例之间的边距；边距的值可为零。

d. 每边的实例：

• 实例数：阵列的实例个数；

• 边距：设定填充边界与最远端实例之间的边距；边距的值可为零。

(3) 特征和面：

① 所选特征：a. 要阵列的特征；b. 要阵列的面。

② 生成源切：a. 圆；b. 方形；c. 菱形；d. 多边形。

(4) 实体：多实体阵列。

(5) 可跳过的实例：跳过阵列的特征或实体。

(6) 选项：

① 随形变化；

② 延伸视像属性；

③ 完整预览;

④ 部分预览。

以图 3-62 中零件为例,将圆柱体移动到长方体基底的中心,如图 3-62(a)所示。单击工具栏 按钮,弹出其属性管理器,选择【填允边界】为上表面,【特征和面】为圆柱体,【阵列布局】为 , 为 6.00 mm, 为 45.00 度,单击 ✔,效果如图 3-62(b)所示;修改【阵列布局】为 , 为 5.00 mm,单击 ✔,效果如图 3-62(c)所示;修改【阵列布局】为 , 为 5 mm, 为 5.00 mm,单击 ✔,效果如图 3-62(d)所示;修改【阵列布局】为 , 为 5.00 mm, 为 6,单击 ✔,效果如图 3-68(e)所示。

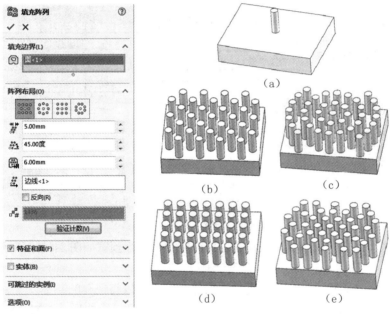

图 3-62　填充阵列

将上述模型文件中圆柱体压缩或删除的操作方法是:保持【阵列布局】形式不变的情况下,在【特征和面】中,勾选【生成源切】,系统提供四种形状,填入相关参数可以迅速产生切除填充阵列。如图 3-63 所示,选择 为 5.00 mm 的菱形生成源切。

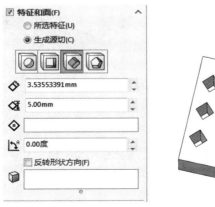
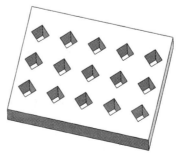

图 3-63　生成源切

3.4.8　变量阵列

变量阵列允许我们在平面和非平面上阵列特征的同时修改每个阵列实例的尺寸，而且对可变更的尺寸数量无限制。可以使用参考几何体(比如基准面、轴和 3D 草图)和草图来控制阵列的几何形状，可以在表格当中对各个实例的各个参数进行单独的编辑，以生成复杂多样的阵列。

打开如图 3-62(a)所示的初始模型文件，单击工具栏（变量阵列)按钮，弹出其属性管理器如图 3-64(a)所示，选择【要阵列的特征】为圆柱体，单击【创建阵列表格】，弹出阵列表如图 3-64(b)所示。

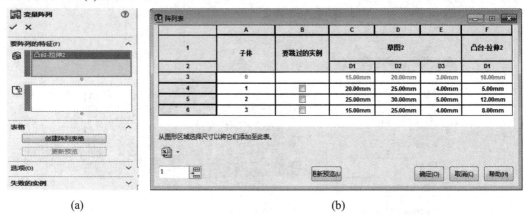

(a)　　　　　　　　　　　　　　　(b)

图 3-64　变量阵列属性管理器

单击模型尺寸来生成控制属性，添加阵列参数。进行预览如图 3-65(a)所示，单击确定后结果如图 3-65(b)所示。

如尺寸设定为负数，则在反方向生成同样实例。可以将现有的参数以 Excel 文件格式导出，并在 Excel 里添加尺寸，然后再导入回来，实现更灵活的尺寸添加。

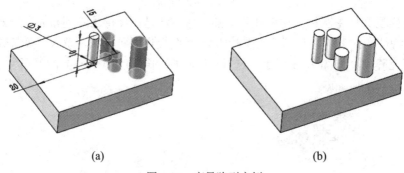

(a)　　　　　　　　　　　　　　　(b)

图 3-65　变量阵列实例

3.5　零件建模的基本规则总结

零件特征建模要点总结如下：

(1) 综合以下因素，确定最佳观察视角，具体如图 3-66 所示。

① 零件放置方位应使主要面与基准面平行，主要轴线与基准面垂直。

② 所选方向应尽可能多地反映零件的特征形状。

③ 较好地反映各结构形体之间的位置关系。

④ 尽量减少工程视图中的虚线以方便布置视图。

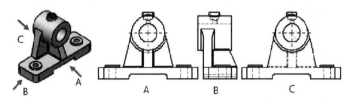

图 3-66　选择观察视角

(2) 合理选择零件最佳轮廓。

① 零件最佳轮廓是指建立零件第一个特征应选择的草图。设计意图直接决定了零件最佳轮廓。

② 一般而言，可以把分析重点放在找出零件的主体结构方面，最能反映零件主体结构的草图往往可作为零件最佳轮廓。

(3) 合理选择第一参考基准面。

认真考虑草图设计应从哪一个基准面开始。第一参考基准面的选择绝佳与否不会影响零件建模的成败，但若选择不佳，会影响零件的观察视角，降低建模效率。

(4) 合理分解零件结构，有效使用各种建模特征。

① 划分结构层次；② 安排分解顺序；③ 确定结构关系。

(5) 合理使用特征。

特征使用在很大程度上会影响零件后期的编辑方法和便利性，合理的特征建模应当充分考虑零件的加工方法和结构特点。

练　习　题

1. 绘制如图 3-67 所示的模型。

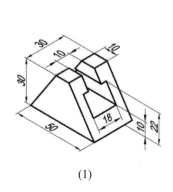

(1)

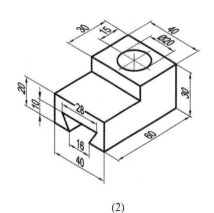

(2)

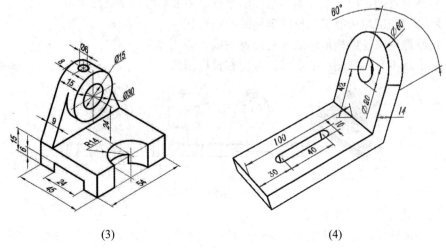

(3)　　　　　　　　　　　　　　　　　(4)

图 3-67　模型拉伸练习

2. 绘制如图 3-68 所示的模型。

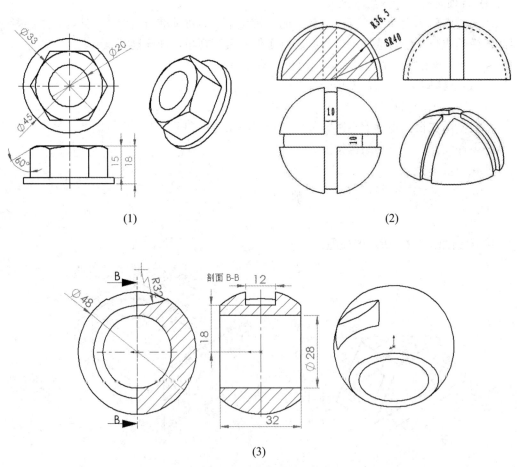

(1)　　　　　　　　　　　　　　　　　(2)

(3)

图 3-68　模型旋转练习

3. 绘制如图 3-69 所示的模型。

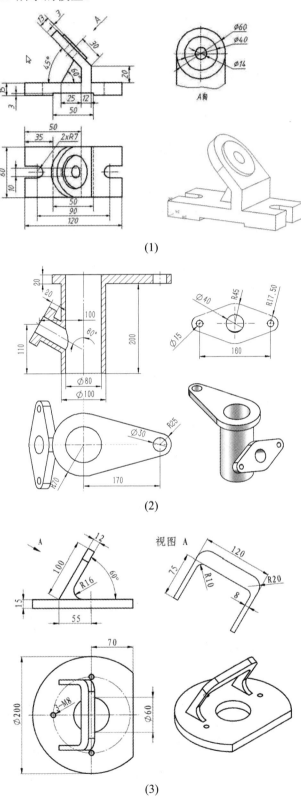

(1)

(2)

(3)

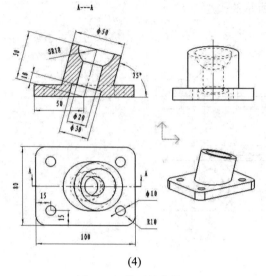

(4)

图 3-69　模型基准练习

4. 绘制如图 3-70 所示的模型。

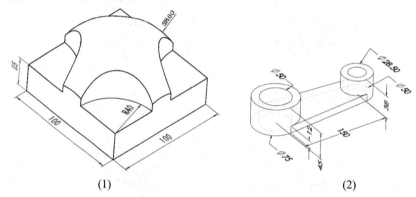

(1)　　　　　　　　　　　　　　　　　　　(2)

图 3-70　模型多实体练习

5. 绘制如图 3-71 所示的模型。

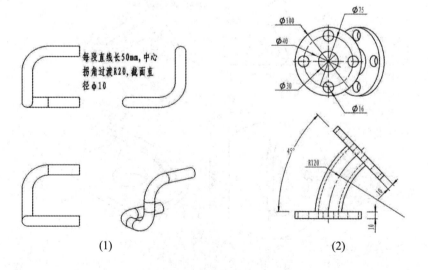

(1)　　　　　　　　　　　　　　　　　　　(2)

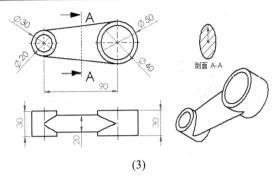

(3)

图 3-71 模型扫描练习

6. 绘制如图 3-72 所示的模型。

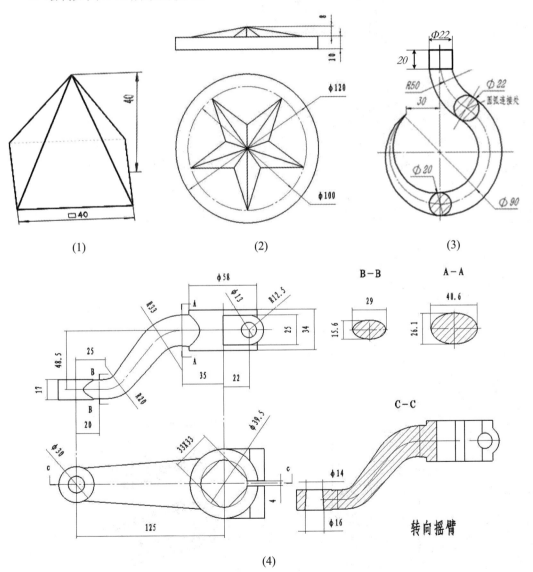

(1)　　　　　　　　(2)　　　　　　　　(3)

(4)

图 3-72 模型放样练习

7. 绘制如图 3-73 所示的模型(无尺寸标注的自拟尺寸)。

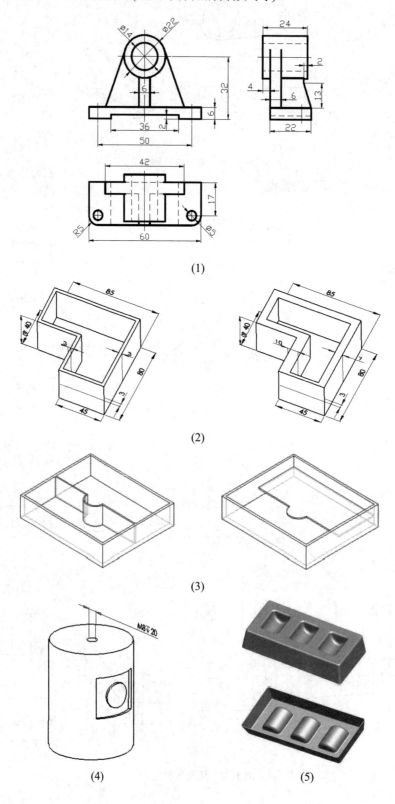

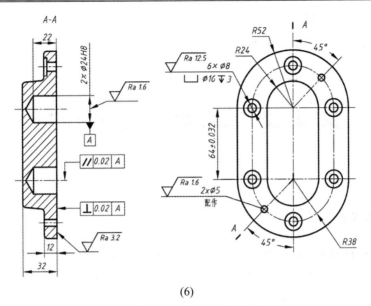

(6)

图 3-73 模型附加特征与辅助特征练习

第 4 章　零件的高效设计

【本章导读】

　　本章主要介绍 SolidWorks 的高效设计工具，如设计库、多实体、库特征、零件配置、方程式、系列零件设计表等。通过正确使用这些工具，设计师可以减少大量的重复性劳动，节约设计时间，提高设计的效率，并实现设计的规范化和标准化。通过本章内容的学习，读者应掌握 SolidWorks 软件高效、精准的机械设计技巧与方法。

【本章知识点】

❖ 零件的外观与材质设定
❖ 零件的动态编辑
❖ 零件的配置
❖ 方程式与链接数值
❖ 零件的库特征
❖ 多实体与 Toolbox

4.1　零件的外观与材质

　　设置零件的外观与材质包括设置整个零件、所选实体、所选特征的外观与材质属性以及设置所选面/曲面的外观与材质属性。

4.1.1　零件外观设定

　　单击视图前导工具栏中 按钮，或者单击任务窗格下【外观、布景和贴图】选项卡，如图 4-1 所示，将选定的外观拖放到模型。若需要编辑已有外观设置，可单击设计树【DisplayManager】|【外观】|【编辑外观】，如图 4-2 所示。系统外观属性管理器如图 4-3 所示。

图 4-1　外观、布景和贴图的设置快捷菜单　　　　图 4-2　编辑外观的快捷菜单

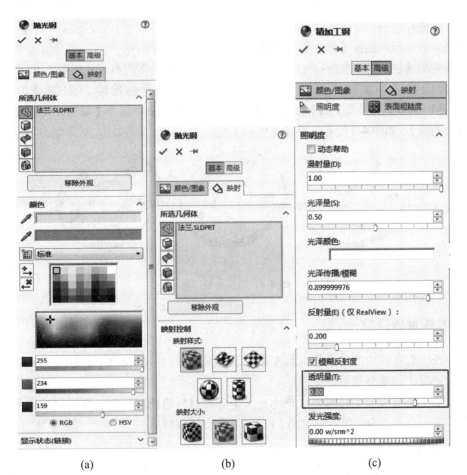

（a）　　　　　　　　　　（b）　　　　　　　　　　（c）

图 4-3　系统外观属性管理器

零件外观设定的主要选项如下：

1. 基本选项

(1) 【颜色/图象】：控制模型颜色和图像。

所选几何体：选择零件、面、曲面、实体、特征。

移除外观：移除零件的外观设置。

颜色：设置颜色参数。

显示状态：零件配置的显示设定。

(2) 【映射】：控制外观的类型和大小(如木纹方向)。无纹理的外观(如玻璃)没有映射。默认映射样式是基于模型几何体的。

所选几何体：选择零件、面、曲面、实体、特征。

移除外观：移除零件的外观设置。

映射控制：选择映射样式。

2. 高级选项

(1) 【照明度】：对零件照明参数进行设置。

(2) 【表面粗糙度】：选择零件粗糙度。

设定零件外观的操作方法：打开模型文件如图 4-4(a)所示，单击视图前导工具栏中 🔵 按钮。如图 4-1 所示，选择【外观】|【钢】|【抛光钢】；如图 4-3(a)所示，在 ▦ (颜色)选项组中选择需要的颜色，然后单击 ✔ 按钮，整个零件将以设置的颜色显示，如图 4-4(b)所示。对零件包含的特征、实体、面及曲面可以设置同样的颜色显示。右键单击设计树【DisplayManager】|【外观】|【精加工钢】命令，在快捷菜单中选择【编辑外观】，点击【高级】|【照明度】，如图 4-3 所示，将【透明量】设定为 0.80，单击 ✔ ，结果如图 4-4(c)所示。

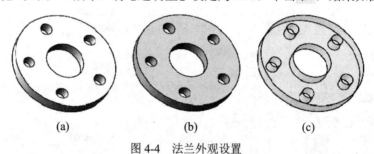

(a)　　　　　　　　　(b)　　　　　　　　　(c)

图 4-4　法兰外观设置

4.1.2　零件材质设定

零件在工程环境中的功能很大程度取决于其所使用材料的材质。材质指材料物理属性，如硬度、密度、屈服强度等。

SolidWorks 带有一个材料库，该库定义了各种材料的物理属性。如果用户需要的材料在材料库中不存在，SolidWorks 允许用户自行设定材料材质。

1. 设定零件材质

如图 4-5 所示，右键单击设计树【材质】选项，在弹出菜单中选择【编辑材料】，系统弹出材料库清单如图 4-6 所示，在左侧的列表中选择"1023 碳钢板"，单击【应用】按钮。

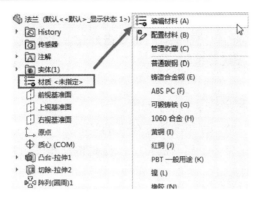

图 4-5　材质设置菜单

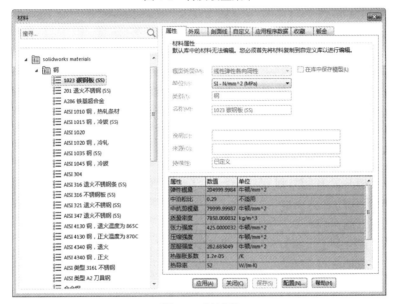

图 4-6　材料库

2. 计算零件质量

单击工具栏 ⚓(零件质量)按钮，计算得到零件质量为 320.48 g。

4.2　零件的编辑

零件的编辑主要有特征编辑、草图编辑和动态编辑。

4.2.1　草图和特征的编辑

草图编辑指针对草图形状、尺寸及基准面进行编辑修改。特征编辑指修改特征参数、顺序、复制、删除特征等。

1. 对草图的编辑

(1) 更改草图绘制平面。

(2) 编辑草图中的元素，如重新编辑直线、弧形等几何形状，修改尺寸和几何约束等。

单击目录树【特征】旁的下拉箭头，右键单击列表中的草图，选择【编辑】【压缩】【视图正视于】等操作可对草图进行编辑。

2. 对特征的编辑

(1) 通过编辑特征的定义来修改特征数据。

(2) 编辑特征之间的关系，即更改特征建立的时序。

(3) 通过复制特征来建立多个相同的特征，提高特征建模的效率。

(4) 删除或者压缩特征。

单击目录树【特征】，选择【编辑】【压缩】等操作；也可以直接单击特征，按住左键不放，将其上下拖动调整在目录树中次序，从而改变零件的特征结果。

3. 特征的退回与插入

在设计树最底端有一条粗实线，是特征的"退回控制棒"。将光标放置在"退回控制棒"上，光标变成 形状，按住左键，拖动光标到指定位置，"退回控制棒"将移动到该位置，其下的特征被退回，处于被压缩状态。此时可以生成新特征，再将"退回控制棒"拖动到最后选项行，完成特征插入。

4.2.2　Instant3D 动态编辑

Instant3D 允许用户在设计过程的任一阶段进行动态编辑，并实时显示相应的变化。单击工具栏 按钮，启用拖动控标、尺寸及草图来动态修改特征，它既可以生成和修改特征，也可以对草图进行编辑。

右键单击目录树中【注解】，在弹出菜单中选择【显示特征尺寸】，模型尺寸显示后，可以直接双击草图或特征尺寸进行实时修改。如果草图实体没有尺寸、位置约束，可以拖动草图实体对其进行动态修改。

如图 4-7(a)(b)所示，选择方形拉伸特征的侧面，出现坐标轴时，沿控标拖动坐标轴可以实现草图边长的动态修改。如图 4-7(c)所示，选择拉伸特征顶面，沿控标或标尺拖动坐标轴来改变零件拉伸高度尺寸，实现快速生成和修改模型几何体。如图 4-7(d)所示，拖动坐标轴原点可以实现拉伸特征的任意移动。如图 4-7(e)所示，按住键盘的 Ctrl 键，可以拖动、复制特征。

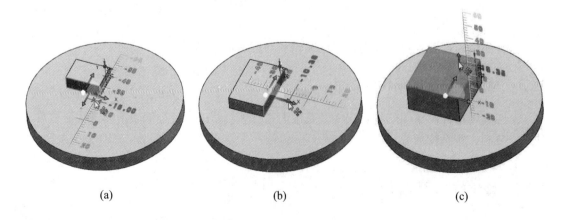

(a)　　　　　　　　　　(b)　　　　　　　　　　(c)

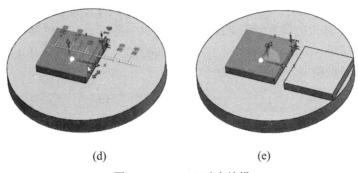

(d)　　　　　　　　　　　(e)

图 4-7　Instant3D 动态编辑

4.3　零件的配置

零件的配置可以实现一个模型文件的多种状态,适用于相似产品或系列化产品的设计,极大地提高了机械零件的建模效率,实现了模型的可重用性、多态性,为零件三维设计的标准化和规范化奠定了基础。SolidWorks 零件配置的生成方法主要有两种:

(1) 手工生成配置。手工生成配置主要是应用配置管理器来添加、编辑和管理配置,实现同一零件内不同配置之间的切换。

(2) 系列零件设计表生成配置。系列零件设计表生成配置是在 Microsoft Excel 工作表中指定参数,构造出不同系列的零件。

零件配置需要控制的变量有很多,最主要的是零件尺寸和特征的状态。

4.3.1　手工生成配置

如图 4-8 所示,首先切换到目录树【配置】管理下,右击【法兰 1 配置】使菜单弹出,选择【添加配置】命令,弹出添加配置属性对话框,如图 4-9 所示,输入配置名称。单击 ✔,生成新配置"80-30",并处于激活状态。

图 4-8　配置菜单　　　　　　　　　图 4-9　添加配置属性对话框

修改指定的配置尺寸时，需点击【尺寸】对话框中的【配置】按钮，在弹出的对话框中选择【此配置】。修改外圆直径为 80，内孔直径 30，阵列小孔定位圆直径为 55，拉伸特征为 8.00 mm，如图 4-10 所示。确定后，重新生成模型。在视图中，单击不同配置，会显示出不同的尺寸配置模型，如图 4-11 所示。

图 4-10　修改指定配置尺寸

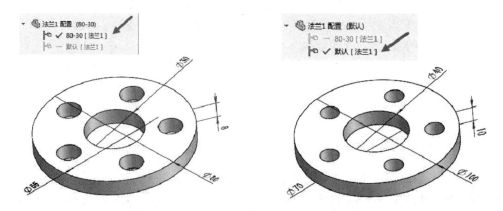

图 4-11　手工配置的法兰盘

4.3.2　系列零件设计表生成配置

系列零件设计表，如 Excel 设计表，可以迅速生成大批量配置，结合表格本身的编辑功能，能实现尺寸之间的相互关联。这是系列化零件设计的通用方法。生成系列零件设计表的常见方法有三种：

(1) 用 SolidWorks 软件自动生成系列零件设计表，零件的配置参数自动装载到设计表中。

(2) 在模型中插入一个新的、空白的系列零件设计表，然后直接在工作表中输入系列零件设计表资料。完成系列零件设计表资料输入后，模型会自动生成新的配置。

(3) 使用 Microsoft Excel 软件生成系列零件设计表，然后将其插入模型文件来生成配置。

操作过程如下：

(1) 打开模型文件，单击菜单栏【插入】|【表格】|【设计表】命令，弹出系列零件设

计表属性对话框，如图 4-12 所示，选择【自动生成】选项，并按 4-12 所示勾选选项，单击✔。此时会在模型文件中插入一个 Excel 表，如图 4-13 所示。

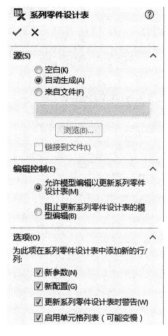

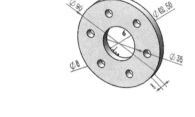

图 4-12　系列零件设计对话框　　　　　　　图 4-13　系列零件设计表

(2) 选择【自动生成】可以在表格中自动添加变量，表格中 A 列表示现有配置，第二行是零件的变量，可以删除不需要的变量所在列，或是添加需要的变量列，所有变量必须添加到第二行的单元格中。可以在单元格中创建新的变量；也可以先单击单元格，然后再双击模型尺寸或特征，将其添加到表中。生成设计表之前，先手工生成一个配置，将变量参数包含在内，然后再使用 Excel 表，可以自动添加需要的变量参数。

(3) 设置单元格格式，使数字能正常显示。添加新行，在对应单元格中填入数值以生成新的配置。此时系列零件设计表中的数值及标注变为红色。

若需要重新编辑表格，可以右键单击【系列零件设计表】，在弹出菜单中选择【编辑表格】或【在单独窗口中编辑表格】。

4.4　方程式与链接数值

零件设计中很多参数具有关联性。可以利用方程式与链接数值将具有内在关联的尺寸通过公式或系统变量联系起来。

4.4.1　方程式

单击菜单栏【工具】|【方程式】，弹出方程式、整体变量及尺寸属性对话框，如图 4-14 所示。单击对话框中的 ，显示出模型所有的尺寸。在【数值/方程式】列中选好尺寸或输入方程式，并选定对应的配置。

有些尺寸的数值或方程式的确定需要一些计算或考虑前提条件，编辑方程式时，要注意相关函数的应用。在方程式内找到需要使用条件的尺寸，作为需要的键入条件。

例：如果草图 2 的 D1 尺寸是草图 1 的 D2 尺寸的四分之一，则尺寸"D1@草图 2"的方程式为："=int("D2@草图 1"/4)"。其中，"int"是取整函数；

如果草图 1 的 D1 尺寸小于 90，圆周阵列实例数为 5，否则为 6。则尺寸"D1@阵列(圆周)1"的方程式为："=IIF("D1@草图 1"<90，5，6)"。

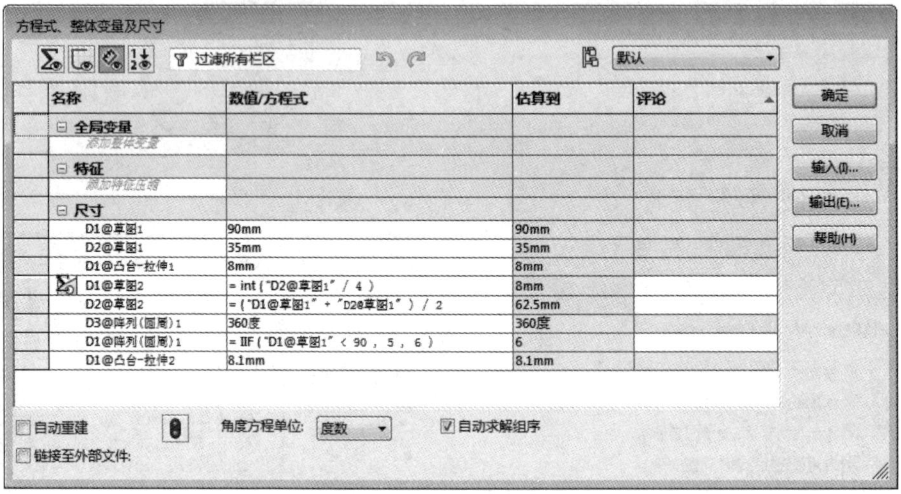

图 4-14　方程式、整体变量及尺寸属性对话框

方程式编辑好后，目录树中出现方程式项目，模型尺寸数值前出现"Σ"标识。系列零件设计表中对应的尺寸值将显示对应的方程式。如果需要编辑，在设计树内找到方程式单击右键，或者单击菜单栏【工具】|【方程式】命令，可进行方程式管理。

4.4.2　链接数值

链接数值可以用来设置两个或多个相等的尺寸，多个尺寸的名称共用一个指定的共享名称，当尺寸链接后，该组中任何成员都可以作为驱动尺寸使用。改变其中任意一个数值会改变链接的所有尺寸值。链接的尺寸名称及数值将在设计树【方程式】文件夹中出现。

打开模型文件，右键单击目录树中【注解】，在弹出菜单中选择【显示特征尺寸】命令，显示尺寸。选中尺寸"D1@凸台-拉伸 1"，右键单击，在弹出菜单中单击【链接数值】命令，如图 4-15(a)所示，弹出【共享数值】对话框，输入名称"H"。单击确定，完成共享名称的创建并与该尺寸链接。如图 4-15(b)所示，继续选中尺寸"D2@草图 2"，作同样操作，在弹出【共享数值】对话框中输入名称时，单击下拉按钮，选择共享名称"H"。链接该尺寸到共享名称。所有被链接的尺寸数值前出现红色"⊂⊃"标识。

双击任一链接数值尺寸，修改数值。模型按输入值变化，设计树【方程式】文件夹中出现链接数值当前值。如果需要编辑链接数值，右键单击该尺寸，在弹出的菜单中选择【解除链接数值】命令即可。链接数值与零件方程式、系列零件设计表配合使用，有利于模型尺寸的管理与编辑。

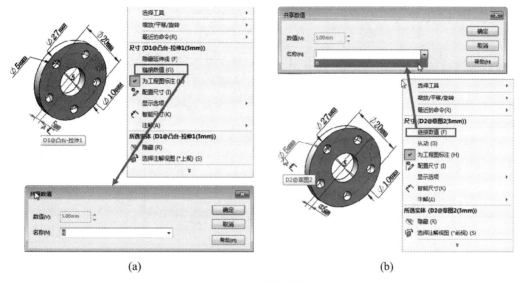

(a)　　　　　　　　　　　　　　　　　　　　(b)

图 4-15　链接数值

4.5　库　特　征

　　SolidWorks 可以将常用的特征或特征组合用特定的格式保存为库特征，在需要用到的时候只要一个拖放和简单的定位即可完成多个常用复杂特征的创建，库特征的内容还可以是草图，库特征操作能显著提高建模速度，对于常用的复杂草图和特征能起到复用的效果。使用多个库特征作为块来生成一个零件，也有助于模型的统一性、规范性。

4.5.1　创建库特征

　　库特征通常由添加到基体特征的特征组成，不包括基体特征本身。不能将包含基体特征的库特征添加到已经具有基体特征的零件上，但我们可以生成具有基体特征的库特征，并将其插入到空零件。如将可生成为常用的孔或槽的特征，保存为库特征。

　　创建库特征的操作步骤如下：

　　(1) 如图 4-16 所示，建立长方体零件，并切除圆形阵列孔(以阵列圆孔的拉伸切除特征为例，建立库特征)。草图中包含 7 个尺寸，即 5 个定型尺寸(阵列数：3×2，阵列圆：$\phi6$，阵列间距：10、10)和 2 个孔定位尺寸(10、10)。

　　(2) 孔切除后，需要创建一个库。库的位置可随意放置，可在桌面新建一个文件夹，并命名为"库特征"即可。

　　(3) 点击【设计库】|【添加到库】按钮，弹出菜单如图 4-17(a)所示，将拉伸切除特征添加到库(如有需要此处可一次加入多个特征形成一个库特征文件)，库特征文件名称设定为"线性阵列切除"并保存到【库特征】位置。此时设计库的【库特征】位置下出现库特征文件"线性阵列切除"，如图 4-17(b)所示。

　　(4) 右键单击【线性阵列切除】，在弹出菜单中单击"打开"命令。此库特征的特征树中出现如图所示几个尺寸值，将 2 个孔定位尺寸加入到【找出尺寸】文件夹中，其他尺寸不变，如图 4-17(c)所示，保存后退出，此时库特征创建完成。

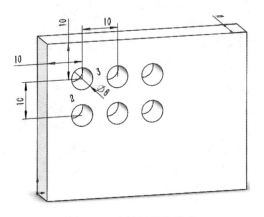

图 4-16　库特征零件模型

(a)　　　　　　　　　　　(b)　　　　　　　　　　(c)

图 4-17　添加库特征菜单

4.5.2　调用库特征

打开设计库，通过拖放和简单的定位即可完成多个常用复杂特征的创建。

调用库特征操作步骤如下：

(1) 新建模型并从右侧设计库中拖动"线性阵列切除"到模型表面，跳出如图 4-18 所示的界面。在【参考】栏位中选择如图所示两条边线作为定位尺寸的参考边线，可在【定位尺寸】中修改定位尺寸的数值(此处修改 D2 为 12 mm、D3 为 15 mm)。

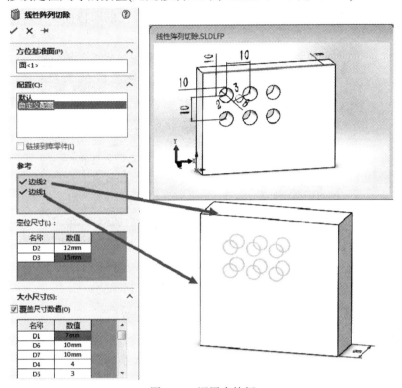

图 4-18　调用库特征

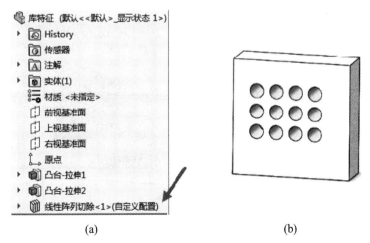

(a)　　　　　　　　　　　　　　(b)

图 4-19　完成库特征

(2) 如果需改变圆孔直径及阵列数,可以在【大小尺寸】中勾选【覆盖尺寸数值】选项,并修改圆直径 D1 为 7 mm,阵列数 D4 × D5 为 4 × 3,完成阵列切除特征结果如图 4-19(b)所示。设计树中同步显示库特征如图 4-19(a)所示。

可以将外部库文件直接复制到库特征文件夹,复制的库文件不需处理就能使用。也可以右键单击库文件夹,在文件夹中对库文件进行管理。SolidWorks 软件带有一些库特征数据,我们可以直接调用;也可以将零件的配置技术与库特征结合,实现特征调用的系列化。

实例： 调用键槽特征。

(1) 新建如图 4-20 所示模型。打开设计库，单击要用的库特征文件，拖放到模型的圆柱端面上。

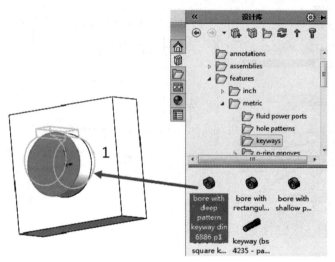

图 4-20　选择库特征到指定位置

(2) 如图 4-21 所示，选择【配置】选项，在【参考】中选择预览窗口所示面的边线(Concentric edge)，勾选【覆盖尺寸数值】，设置该库特征的位置及大小的详细参数。

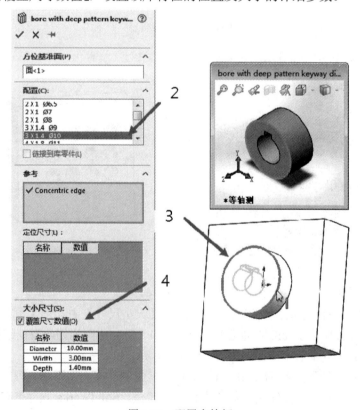

图 4-21　配置库特征

(3) 单击 ✔，完成库特征调用，设计树中显示库特征和其包含的特征内容及草图，结果如图 4-22 所示。

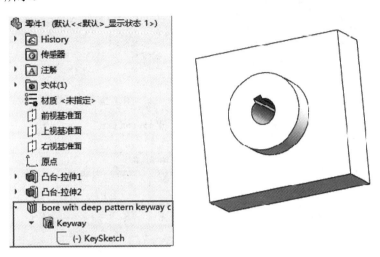

图 4-22　库特征调用结果

由于具体的条件不同，要求库特征在使用时能随之更新，因此需提前设定好库特征的关键元素。

4.6　多实体与 Toolbox

特征建模时，可以充分利用多实体的布尔运算结果进行特征处理，也可以对单个实体进行特征处理，然后再合并成一个实体。利用多实体技术，可将常用的机械结构创建成为工具实体，供设计时调用、处理，实现零件模型的快速创建。工具实体模型作为产品通用结构，可以在建模时直接调用，能显著降低设计工作量，而且可以在产品建模中实现系列化、标准化的生产。

4.6.1　多实体技术

创建多实体的方法主要有以下三种：
(1) 建模时，产生的多个实体在空间上相互独立。
(2) 在拉伸、旋转、扫描、放样特征创建时，取消【合并结果】选项，得到多实体。
(3) 使用"切割"命令，用平面、曲面、草图分割实体。
实例：
(1) 新建如图 4-23、图 4-24 所示的基体与工具实体模型。打开基体文件，单击菜单栏【插入】|【零件】命令，打开文件夹，选择工具实体文件。如图 4-25(a)所示，单击【打开文档】栏中的"工具实体"，拖放到模型视图。单击工具栏 🔌(实体-移动/复制)按钮，弹出如图 4-25(b)所示对话框，利用其中的定位工具，将工具实体定位到指定位置。
(2) 单击工具栏 🔳 按钮，镜像工具实体，完成建模，结果如图 4-26 所示。

图 4-23　基体　　　　　　　　　图 4-24　工具实体

(a)　　　　　　　　　　　　(b)

图 4-25　插入工具实体菜单

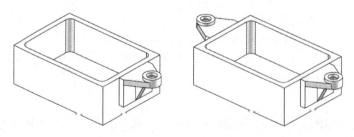

图 4-26　镜像工具实体

机械设计过程中，因为考虑到加工性、经济性等设计因素，需要将复杂零件拆分为多个零件时，可以通过多实体功能来创建零件特征，然后拆分成为单个零件并获得装配体格式文件。这种将 SolidWorks 多实体零件快速转化成装配体的技术极大地提高了零件设计的自由度和生成虚拟样机的效率。

4.6.2　Toolbox 调用零件

Toolbox 是 SolidWorks 中一个很重要的部件，系统提供了各种标准件库，供设计时直接调用。在装配体设计时，能简化我们的设计流程。

1. 调用 Toolbox 零件

如图 4-27 所示，单击【设计库】|【Toolbox】|【GB】命令，选择国标库，出现自带的标准件文件夹。单击【螺母】，出现各种类型的标准螺母，如图 4-28 所示。右键单击其中的一个类型，在弹出菜单中选择【生成零件】，系统弹出【配置零部件】对话框，单击【添加】按钮在弹出的【零件号】对话框中输入零件型号；单击【大小】中的下拉列表，选择螺母型号。单击 ✔，完成调用螺母操作。视图区的螺母即所调用的型号类型，此时零件处于只读状态，可以另存为指定地址的文件进行后续编辑。

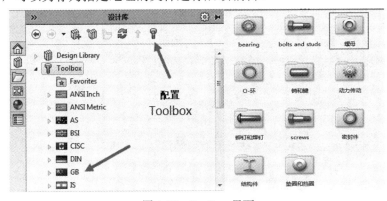

图 4-27　Toolbox 界面

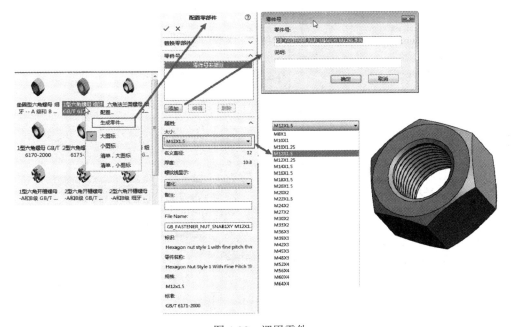

图 4-28　调用零件

2. 自定义 Toolbox 零件

使用者也可以将自定义标准件放到 Toolbox 里，操作步骤如下：

(1) 单击图 4-27 中的 🔩 按钮，弹出配置界面如图 4-29(a)所示，右键单击 Toolbox 标准，选择新建文件夹并输入名称。

(2) 右键单击文件夹，选择【添加文件】。在打开的文件浏览器中选择需添加的零件，如图 4-29(b)所示。

(3) 如图 4-29(c)所示，可以看到 Toolbox 已显示添加的零件。使用该零件时直接拖动零件到视图区即可。

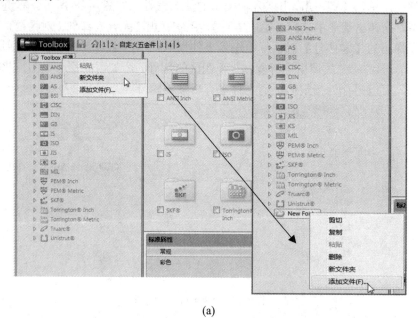

(a)

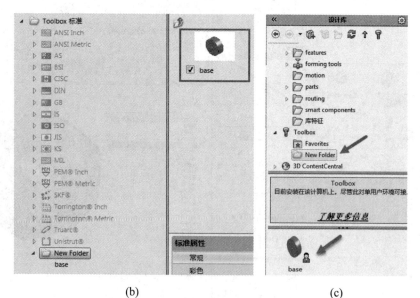

(b)　　　　　　　　　　　　　　　(c)

图 4-29　自定义零件

练　习　题

绘制如图 4-30 所示定位销的模型并自定义为 Toolbox 零件。

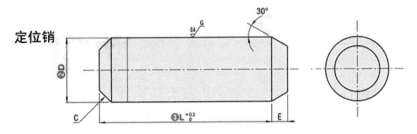

型式		③L 选择	E	C
①TYPE	②D			
<g6>	3	10	1	0.5
	4	12	1.5	0.5
	5	15	1.5	0.5
FYCUG	6	20	2	1
	8	20	2	1

图 4-30　系列零件建模练习

第 5 章　常见零件建模

【本章导读】

在掌握了 SolidWorks 各种特征建模技巧和规律之后,要及时总结常用建模方法与技巧,将其应用到具体工程实践中。本章介绍常见零件的建模技术,通过本章内容的学习,读者应掌握 SolidWorks 软件常用特征建模的使用方法。

【本章知识点】

❖ 零件特征的多种实现方法
❖ 零件的编辑与修改
❖ 方程式、库特征的应用
❖ 常用螺纹实现方法
❖ 填充阵列、随形阵列
❖ 三维草图与特征组合

5.1　连接件建模

建立如图 5-1 所示的连接件模型。

图 5-1　连接件

步骤与提示如下:

(1) 前视基准面内绘制草图并拉伸 2 mm,结果如图 5-2(a)所示。

(2)　拉伸体上表面绘制直径为 12 的圆，拉伸设置为 2，如图 5-2(b)所示。

(3)　圆台上表面切割直径为ϕ8 的简单直孔，并进行镜像设置，如图 5-2(c)所示。

(4)　上视基准面作ϕ2 的圆(圆心位于基体表面)，两侧对称拉伸 32 生成圆柱实体，端面作圆顶，结果如图 5-2(d)所示。

(5)　对圆柱实体进行线性阵列，距离设置为 14，结果如图 5-2(e)所示。

(6)　以圆柱实体阵列为工具实体对基体压凹，厚度设置为 1.50 mm，结果如图 5-2(f)所示。

(7)　删除圆柱实体阵列，结果如图 5-2(g)所示。

(8)　基体侧面新建草图 7，绘制长度为 15.71 的直线，继续新建草图 8 绘制，弯曲位置线，如图 5-2(h)所示在弯曲属性管理器中设置弯曲角度为 90 度，结果如图 5-2(i)所示。

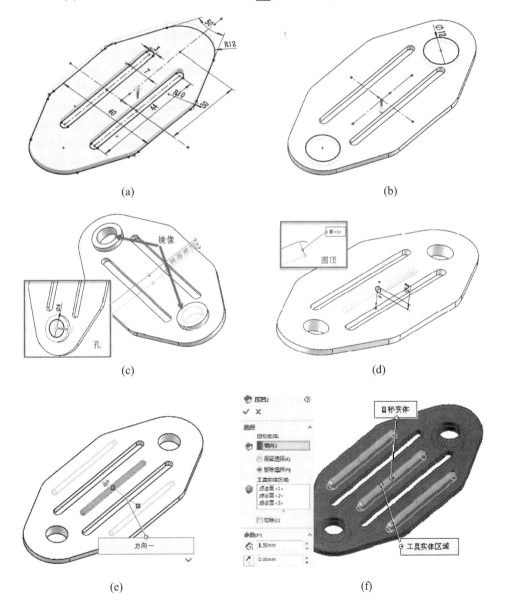

(a)　　　　　　　　　　(b)

(c)　　　　　　　　　　(d)

(e)　　　　　　　　　　(f)

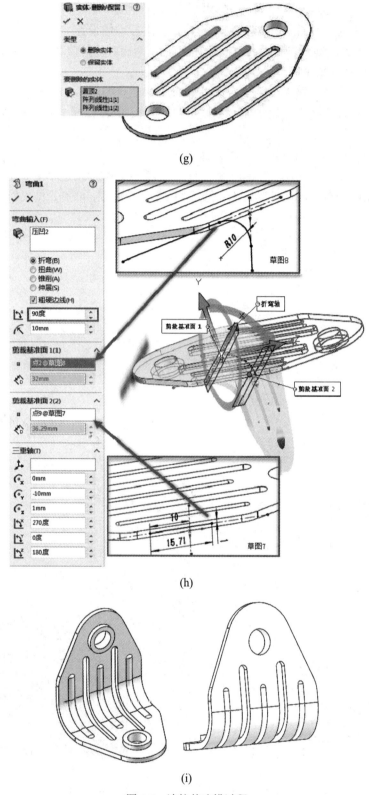

(g)

(h)

(i)

图 5-2 连接件建模过程

5.2　烟灰缸建模

建立如图 5-3 所示的烟灰缸模型。

图 5-3　烟灰缸模型

烟灰缸建模步骤与提示如下：

(1) 前视基准面内绘制边长为 60 的正方形，设置 ▨(拉伸厚度)为 20.00 mm、▨(拔模角)为 10.00 度，如图 5-4(a)所示。

(2) 棱台上表面转换实体引用，向内等距设置为 8，拉伸切除深度设置为 18，拔模角设置为 10 度，如图 5-4(b)所示。

(3) 棱台外部四条棱边圆角半径设置为 10 mm，内部棱边圆角半径设置为 5 mm，如图 5-4(c)所示。

(4) 拉伸切除直径为 ϕ10 的孔，并作圆周阵列，结果如图 5-4(d)、(e)所示。

(5) 底面圆角半径设定为 5 mm，上表面及上口圆角半径设为 2 mm，结果如图 5-4(f)、(g)所示。

(6) 抽壳，厚度为 1，结果如图 5-4(h)、(i)所示。

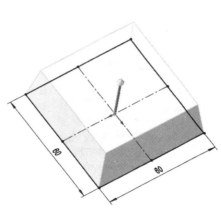

(a)

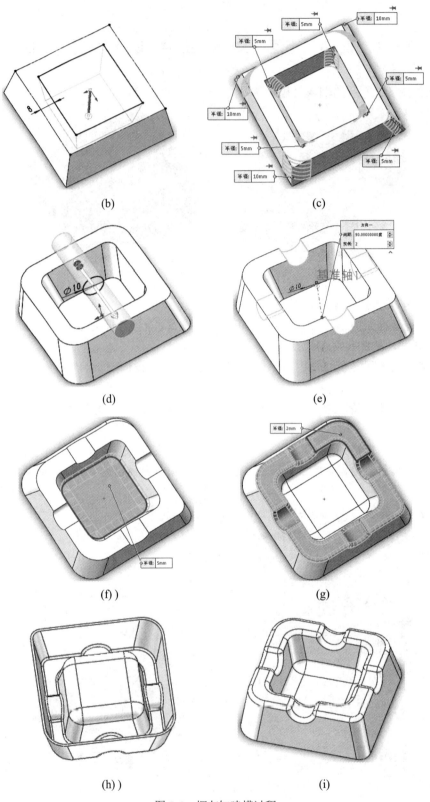

图 5-4　烟灰缸建模过程

5.3 轴承保持架建模

建立如图 5-5 所示的轴承保持架模型。

轴承保持架建模步骤如下：

(1) 前视基准面内绘制 R67、R73 的半圆弧，圆心角为 45 度，两侧对称拉伸为 40，如图 5-6(a)所示。

(2) 如图 5-6(b)所示，在右视基准面内绘制 R17、R20 的半圆弧，旋转，与拉伸实体不合并，结果如图 5-6(c)所示。

(3) 选择菜单栏【插入】|【特征】|【组合】命令，在如图 5-6(d)所示的组合属性管理器【操作类型】中选择【共同】，对两个实体运算求交。

图 5-5 轴承保持架模型

(4) 如图 5-6(e)所示，在前视基准面内绘制草图并进行拉伸，结果如图 5-6(f)所示。

(5) 图 5-6(g)为圆周阵列所得实体，将所有实体合并，结果如图 5-6(h)所示。

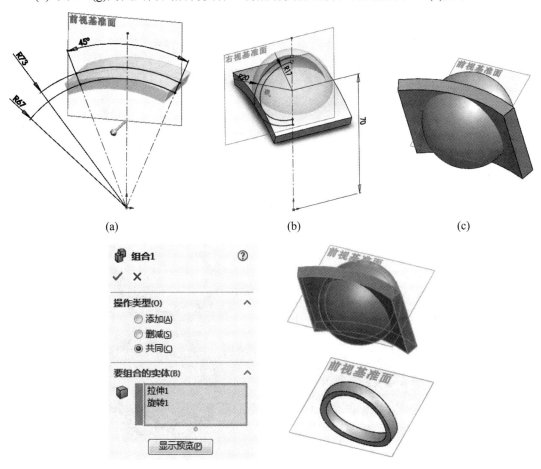

(a)   (b)   (c)

(d)

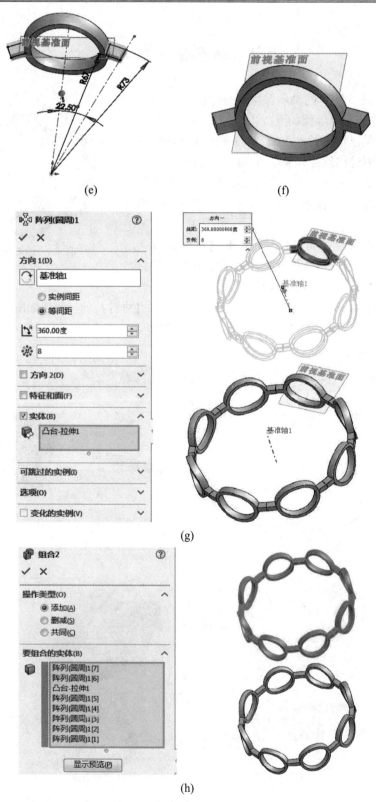

图 5-6　轴承保持架建模过程

还可以用弯曲命令实现建模，操作步骤如下：

(1) 前视基准面内绘制草图，两侧对称拉伸为 5，如图 5-7(a)、(b)所示。

(2) 如图 5-7(c)所示，在弯曲属性管理器中设置 📐(角度)为 45.00 度，得到和图 5-6(f) 同样的模型，继续进行阵列等操作即可。

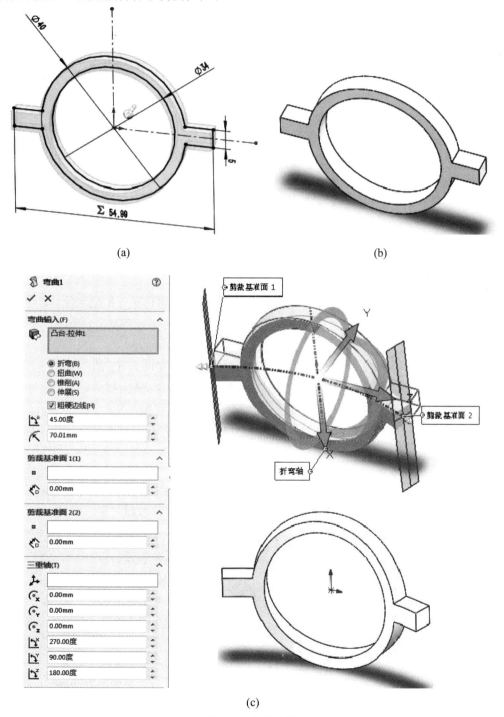

(a)   (b)

(c)

图 5-7 弯曲建模

5.4　螺 栓 建 模

螺栓的关键特征为其上的螺纹，螺纹按其截面形状(牙型)分为三角形螺纹、矩形螺纹、梯形螺纹和锯齿形螺纹等。三角形螺纹主要用于连接，矩形、梯形和锯齿形螺纹主要用于传动。螺纹连接件作为标准件可以直接调用 Toolbox，大部分传动螺纹件在 Toolbox 标准件库中有很多模块可供选择。如果仅用于零件的工程图表达，SolidWorks 提供了装饰螺纹线，能快速实现零件的螺纹表示，称为符号螺纹。要想实际表达零件的三维细节，需要手工绘制螺纹的三维

图 5-8　螺栓模型

结构，称为实体螺纹。实体螺纹不支持国标工程图。所以在工程中，符号螺纹应用更为广泛。下面以如图 5-8 所示的螺栓为例，其基本建模步骤如下：

(1) 前视基准面内绘制φ20 的圆，拉伸为 80，并进行端面倒角，如图 5-9(a)、(b)所示。

(2) 端面绘制φ20 的圆，作螺旋线操作，参数如图 5-9(c)所示。

(3) 以螺旋线/涡旋线 1 为第一参考，端点为第二参考，建立基准面 1，具体如图 5-9(d)所示。

(4) 在基准面 1 作边长为 3.80 的正三角形，以螺旋线为路径进行扫描切除，如图 5-9(e)所示。

(5) 在另一端面绘制正六边形，拉伸为 15，如图 5-9(f)所示。

(6) 在右视基准面绘制草图，进行旋转切除操作，结果如图 5-9(g)所示。

(7) 如图 5-9(h)所示，根部倒圆角半径设为 R2，结果如图 5-9(i)所示。

螺纹线还可通过下面两种方法创建：

① 在图 5-9(b)中，选择菜单栏【插入】|【注解】|【装饰螺纹线】命令。在如图 5-9(i)所示的属性管理器中，选择⊘(螺纹边线)为圆柱轮廓，⬚(起始面)为端面，并输入参数。单击✔，得到符号螺纹。

② SolidWorks 也提供了快速生成实体螺纹的工具。在图 5-9(b)中，单击工具栏🔩(螺纹线)按钮，弹出螺纹线属性管理器，如图 5-9(k)所示，选择螺纹线位置、类型、尺寸等参数，单击✔，快速生成实体螺纹。

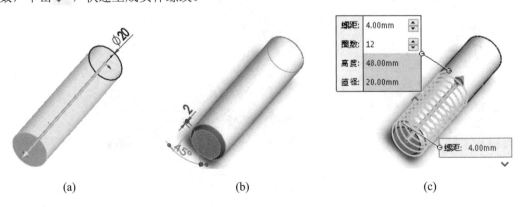

(a)　　　　　　　　　　(b)　　　　　　　　　　(c)

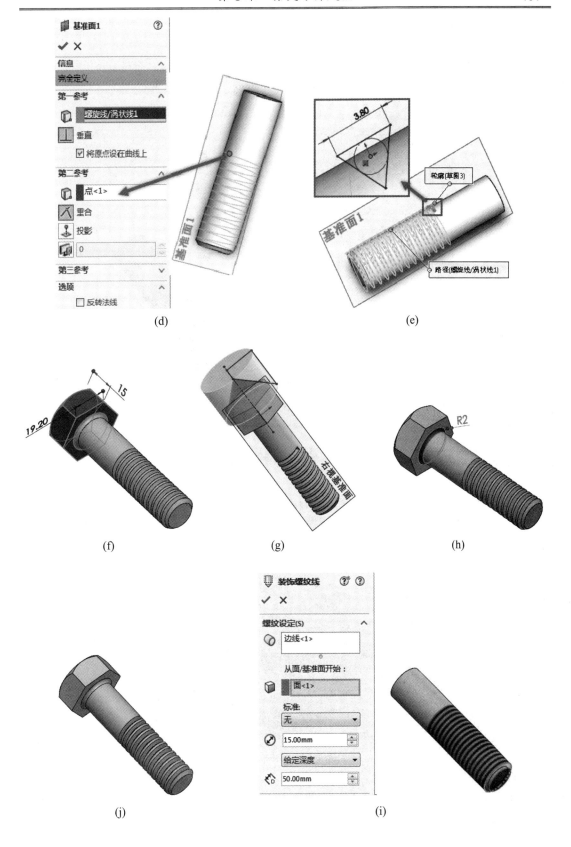

(d)　　　　　　　　　　　　　　　　　　　　(e)

(f)　　　　　　　　　　　　　　(g)　　　　　　　　　　　　　　(h)

(j)　　　　　　　　　　　　　　　　　　　　(i)

(k)

图 5-9　螺栓建模过程

5.5　斜齿轮建模

SolidWorks Toolbox 提供了各类齿轮的调用,很多公司也有对齿轮等零件建模的配套软件。齿轮零件在三维建模领域具有典型性和普遍性,是训练建模技能的良好实例。下面给出图 5-10 所示的斜齿轮基本建模过程。

图 5-10　斜齿轮模型

斜齿轮建模步骤如下:

(1) 在前视基准面新建草图 1 绘制四个同心圆,单击工具栏∑按钮,输入全局变量如图 5-11(a)所示;标注分度圆、基圆、齿顶圆、齿根圆尺寸如图 5-11(b)所示。

(2) 单击草图工具栏 $\mathscr{fx}$(方程式驱动的曲线)按钮，输入参数方程如图 5-11(c)所示。

(3) 绘制构造线，与分度圆相交于交点 1，渐开线与分度圆相交于交点 2；定义两交点在分度圆上弧长为 1.57，如图 5-11(d)所示。绘制 R1 圆弧，连接渐开线与齿根圆，剪切齿顶圆、齿根圆及渐开线多余部分得到半个齿廓，以构造线为对称线镜像齿廓，得到完整齿廓线。

(4) 在前视基准面新建草图 2 绘制齿根圆，拉伸设置为 20；如果是直齿轮的建模，则拉伸草图 1 的封闭齿廓，再进行阵列就完成建模。下面介绍斜齿轮的建模。

(5) 在前视基准面新建草图 3，绘制与分度圆相等的圆。单击菜单栏【插入】|【曲线】|【螺旋线】命令，【定义方式】选择【高度和螺距】，输入参数如图 5-11(e)所示。

(6) 如图 5-11(f)所示扫描齿廓，再进行圆周阵列，结果如图 5-11(g)所示。

(7) 单击【Design Library(设计库)】|【features(库特征)】|【metric(标准)】|【keyways(键槽)】命令，选择 "6886 p1"，拖到齿轮端面，选择配置ϕ20-6 × 2.8，确定后结果如图 5-11(h)所示。

(8) 在右视基准面绘制 12 × 7 对称矩形，作旋转切除；选择棱线倒 R1 圆角，完成建模，结果如图 5-11(i)所示。

(a)

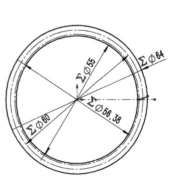

(b)　　　　　　　　　　　　　　　　　　　　　　(c)

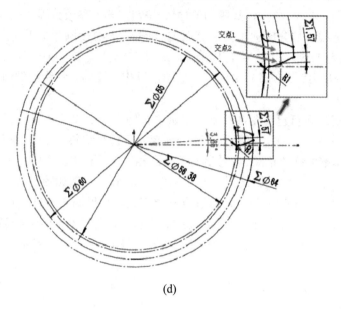

(d)

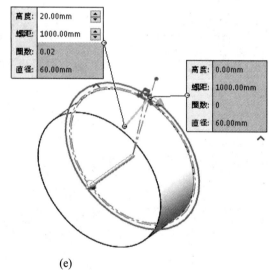

(e)

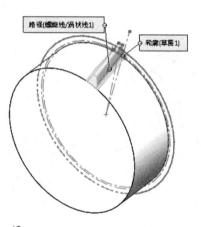

(f)

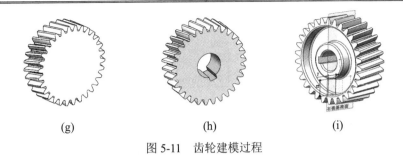

|　(g)　|　(h)　|　(i)　|

图 5-11　齿轮建模过程

5.6　蜗轮蜗杆

建立如图 5-12 所示的蜗轮蜗杆模型。

图 5-12　蜗轮蜗杆

蜗轮建模的步骤与提示如下：

(1) 前视基准面新建草图 1，单击工具栏∑按钮，输入全局变量，绘制草图并标注尺寸，如图 5-13(a)所示。

(2) 单击草图工具栏 ƒₓ 按钮，输入参数方程，绘制齿廓线，如图 5-13(b)所示。

(3) 在上视基准面新建草图 3，绘制与分度圆相等的圆。选择菜单栏【插入】|【曲线】|【螺旋线】命令，在弹出的螺旋线属性管理器中，【定义方式】选择【圈数和螺距】，输入参数如图 5-13(c)所示。

(4) 扫描并切除获得齿廓，再进行圆周阵列，结果如图 5-13(d)所示。

(5) 在前视基准面绘制ϕ40 圆，进行对称拉伸切除操作；选择轮廓边线作 R1 圆角；选择【设计库】|【库特征】|【标准】|【键槽】命令，配置ϕ30-8×3.3 的键槽，结果如图 5-13(e)所示。

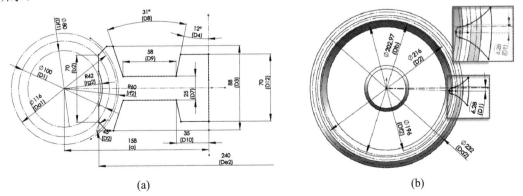

|　(a)　|　(b)　|

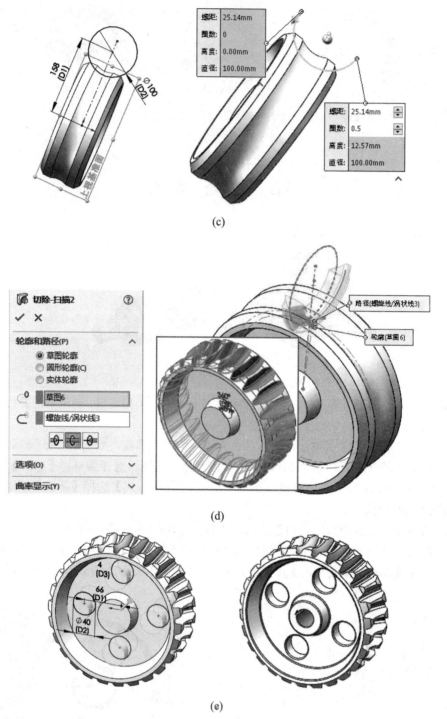

图 5-13　蜗轮建模过程

蜗杆建模的步骤与提示如下：

（1）前视基准面新建草图 1，单击工具栏**Σ**按钮，输入全局变量，绘制草图并标注尺寸，如图 5-14(a)所示。

(2) 在上视基准面新建草图，绘制与分度圆相等的圆。选择菜单栏【插入】|【曲线】|【螺旋线】命令，在弹出的螺旋线属性管理器中，【定义方式】选择【圈数和螺距】，输入参数如图 5-14(b)所示。

(3) 在前视基准面绘制草图如图 5-14(c)所示，并进行扫描切除操作。

(4) 在前视基准面绘制草图，旋转凸台；选择轮廓边线作倒角，如图 5-14(d)所示。

(5) 选择【设计库】|【库特征】|【标准】|【键槽】命令，选择"bs 4235"，配置ϕ30-10×8 的键槽，结果如图 5-14(e)所示。

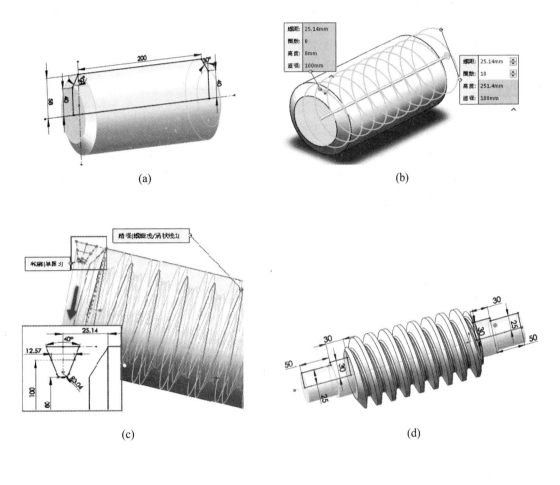

(a)　　　　　　　　　　(b)

(c)　　　　　　　　　　(d)

(e)

图 5-14　蜗杆建模过程

5.7　圆锥齿轮建模

建立如图 5-15 所示的圆锥齿轮模型。

圆锥齿轮建模步骤如下：

(1) 在前视基准面新建草图 1，单击工具栏Σ按钮，输入全局变量，如图 5-16(a)所示。模型标注尺寸如图 5-16(b)所示。

(2) 在前视基准面新建草图 2，以图 5-16(c)中箭头指示的点与线为参考新建基准面 1，如图 5-16(d)所示。

(3) 在基准面 1 上新建草图 3，绘制样条曲线近似代替渐开线齿廓，如图 5-16(e)所示。在前视基准面新建草图 4，并绘制点，如图 5-16(f)所示。

图 5-15　圆锥齿轮模型

(4) 选择草图 3、草图 4 作放样切除操作，并进行圆周阵列操作，如图 5-16(g)、(h)所示；配置φ15 的键槽、轮廓线作圆角处理，结果如图 5-16(i)、(j)所示。

(a)

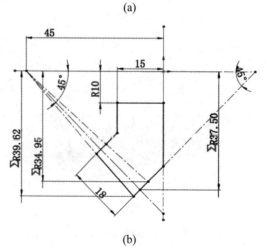

(b)

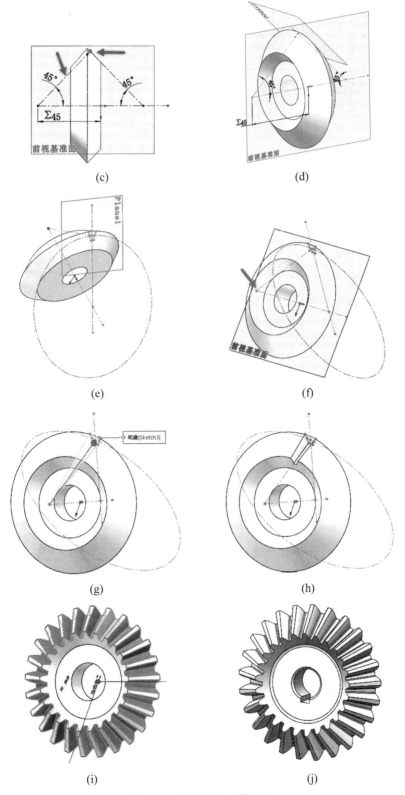

图 5-16   圆锥齿轮建模过程

5.8　阀　体　建　模

建立如图 5-17 所示的阀体模型。

图 5-17　阀体模型

阀体建模步骤如下：

(1) 在前视基准面新建草图 1，作 $\phi50$ 的圆，拉伸设置为 35，拔模角设置为 15 度；继续在上端作高度为 6、$\phi25$ 的凸台，如图 5-18(a)所示。

(2) 在上视基准面新建草图 2，以点与线为参考新建基准面 1，如图 5-18(b)所示。

(3) 在基准面 1 新建草图 3，拉伸到圆锥面，如图 5-18(c)所示；在基准面 1 绘制草图 4，拉伸设置为 4，如图 5-18(d)所示。

(4) 进行多厚度抽壳操作，如图 5-18(e)所示。在锥体大端面作直径为 $\phi70$、高为 4 的凸缘，如图 5-18(f)所示；在凸缘上绘制 $\phi5$ 的螺纹孔并进行阵列操作，如图 5-18(g)所示。

(5) 如图 5-18(h)所示，对轮廓线作圆角处理，完成建模，结果如图 5-18(i)所示。

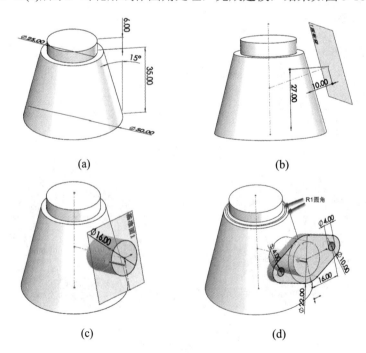

(a)　　　　　　　　　　　　　(b)

(c)　　　　　　　　　　　　　(d)

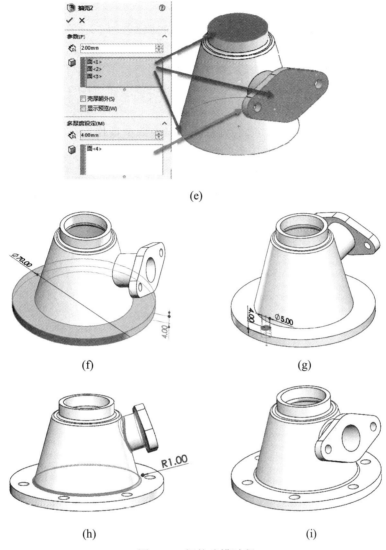

(e)

(f)　　　　　　　　　　　(g)

(h)　　　　　　　　　　　(i)

图 5-18　阀体建模过程

5.9　喷头建模

建立如图 5-19 所示的喷头模型。

图 5-19　喷头模型

喷头建模步骤如下：

(1) 在前视基准面新建草图 1，作 $\phi50$ 的圆，拉伸设置为 20；在上端面作距离为 10 的圆顶、R6 的圆角，如图 5-20(a)所示。

(2) 在底面作厚度为 3 mm 的抽壳；在前视基准面新建草图 2，作 $\phi2$ 的圆，进行完全贯穿拉伸，不合并实体，如图 5-20(b)所示；在前视基准面新建草图 3，作 $\phi43$ 的圆作为填充阵列的边线，如图 5-20(c)。

(3) 如图 5-20(d)所示，对 $\phi2$ 的圆柱实体进行填充阵列操作。

(4) 如图 5-20(e)所示，组合基体与圆柱阵列。

(5) 如图 5-20(f)所示，单击 按钮，插入螺纹。

(6) 如图 5-20(g)所示，在上视基准面绘制长方形，对圆柱面进行包覆操作；继续在上视基准面绘制文字，对上一步形成的包覆面进行包覆操作，完成建模，结果如图 5-20(h)所示。

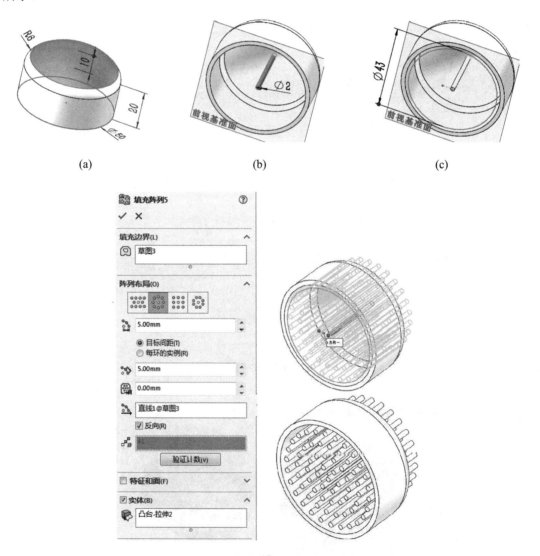

(a)　　　　　　　　　(b)　　　　　　　　　(c)

(d)

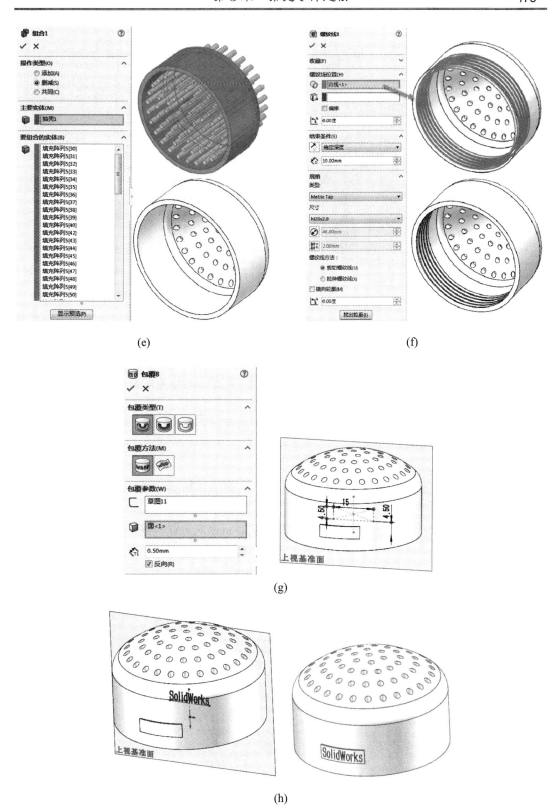

(e)

(f)

(g)

(h)

图 5-20　喷头的建模过程

5.10　叶　片　建　模

建立如图 5-21 所示的叶片模型。

图 5-21　叶片模型

叶片建模步骤如下：

(1) 在前视基准面新建草图 1，作 $\phi50$ 的圆，拉伸设置为 50；新建基准面 1 与上视基准面距离为 140，如图 5-22(a)所示。

(2) 在上视基准面新建草图 2，作 50×2 的矩形，与竖直中心线夹角为 25 度，如图 5-22(b)所示；在基准面 1 新建草图 3，作 100×1 的矩形，与竖直中心线夹角为 70 度，如图 5-22(c)所示。

(3) 如图 5-22(d)所示，对草图 2、草图 3 进行放样操作。

(4) 如图 5-22(e)所示，在前视基准面新建草图 4，进行两侧拉伸切除操作，生成叶片，如图 5-22(f)所示。

(5) 如图 5-22(g)所示，对叶片进行阵列操作；对圆柱体端面作距离为 15 的圆顶，边线作 R10 的圆角。

(6) 如图 5-22(h)所示，在上视基准面绘制草图，进行旋转切除操作。

(7) 如图 5-22(i)所示，圆柱体另一端面作 $\phi14$ 的圆，并拉伸到下一面；在生成的圆柱端面作 M8 的螺纹孔；再绘制筋板并进行阵列操作，完成建模。

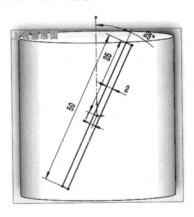

(a)　　　　　　　　　　　　　　　　(b)

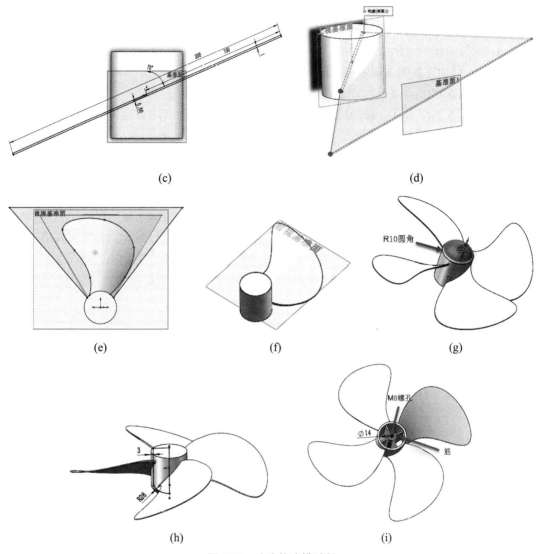

(c)　　　　　　　　　　　　　　　　　　(d)

(e)　　　　　　　　　(f)　　　　　　　　　(g)

(h)　　　　　　　　　　　　　　(i)

图 5-22　叶片的建模过程

5.11　箱盖建模

建立如图 5-23 所示的箱盖模型。

图 5-23　箱盖模型

箱盖建模步骤如下：

(1) 在前视基准面新建草图 1，两侧对称拉伸为 220，如图 5-24(a)所示。

(2) 对拉伸体轮廓作 R30 的圆角；在拉伸体底面新建草图 2，转换实体引用并将等距设置为 80，拉伸设置为 30，生成凸缘，如图 5-24(b)所示。

(3) 如图 5-24(c)，进行抽壳，(厚度)设置为 20.00 mm。

(4) 如图 5-24(d)所示，在凸缘底面绘制草图，拉伸设置为 70。在拉伸体侧面绘制 R90、R130 的半圆，拉伸超出凸缘侧面 20，并进行镜像，如图 5-24(e)所示。

(5) 如图 5-24(f)所示，在凸缘底面绘制 ϕ120、ϕ200 的圆，两侧进行对称切除。

(6) 如图 5-24(g)所示，在前视基准面绘制草图，生成筋并切除出 ϕ30 的起吊孔。

(7) 如图 5-24(h)所示，绘制顶部观察孔、侧面筋板并进行镜像。

(8) 如图 5-24(i)所示，作与底面距离为 70 的基准面 2，在基准面 2 新建草图，绘制螺栓孔定位点。作 M20 的螺栓孔，选择新建的草图及 M20 的孔作草图驱动阵列，如图 5-24(j)所示。

(9) 如图 5-24(k)所示，完成凸缘上 4 × ϕ20 的直孔(120 × 880 的阵列)、侧面 M10 的螺纹孔及顶部观察孔凸缘的 M8 的螺纹孔阵列。对轮廓作 R5 圆角处理，完成建模，结果如图 5-24(l)所示。

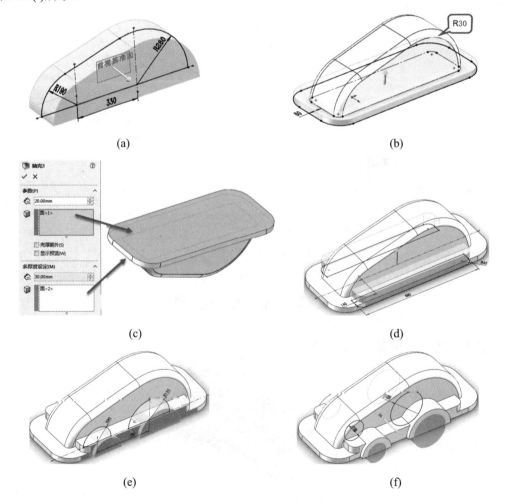

(a)

(b)

(c)

(d)

(e)

(f)

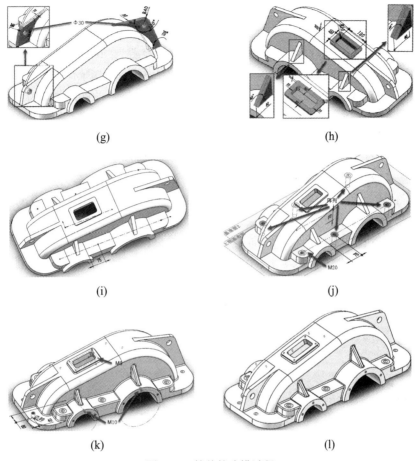

图 5-24　箱盖的建模过程

5.12　箱座建模

建立如图 5-25 所示的箱座模型。

图 5-25　箱座模型

箱座建模步骤如下：

(1) 在前视基准面绘制 800×300 的矩形，两侧对称拉伸为 220，对拉伸体侧棱作 R30 的圆角，如图 5-26(a)所示。

　　(2) 在拉伸体上表面新建草图，转换实体引用并将等距设置为 80，拉伸设置为 30 以生成凸缘；进行抽壳，厚度设置为 20，如图 5-26(b)所示。

　　(3) 如图 5-26(c)所示，在凸缘底面绘制草图，拉伸设置为 70。在拉伸体侧面绘制 R90、R130 的半圆，拉伸超出凸缘侧面 20，并进行镜像，如图 5-26(d)所示。

　　(4) 如图 5-26(e)所示，在凸缘底面绘制 ϕ120、ϕ200 的圆，两侧进行对称切除。

　　(5) 如图 5-26(f)所示，新建与上视基准面距离为 70 的基准面 2，在基准面 2 上绘制草图点作为螺栓孔定位点。

　　(6) 如图 5-26(g)所示，作 M20 的螺栓孔，选择新建的草图作草图驱动阵列。

　　(7) 如图 5-26(h)所示，在凸缘上表面绘制 ϕ20 的孔并进行线性阵列。

　　(8) 如图 5-26(i)所示，在底面新建草图，绘制矩形，拉伸设置为 30 以生成底板。在底板端面作 220×15 的拉伸切除。

　　(9) 如图 5-26(j)所示，在箱座侧面完成吊耳、油标座、放油孔特征。

　　(10) 如图 5-26(k)所示，底板上作 6×ϕ24 的直孔(340×360 阵列)、箱座侧面进行 M10 的螺纹孔阵列及筋板绘制。对轮廓作 R5 的圆角处理，完成建模，如图 5-26(l)所示。

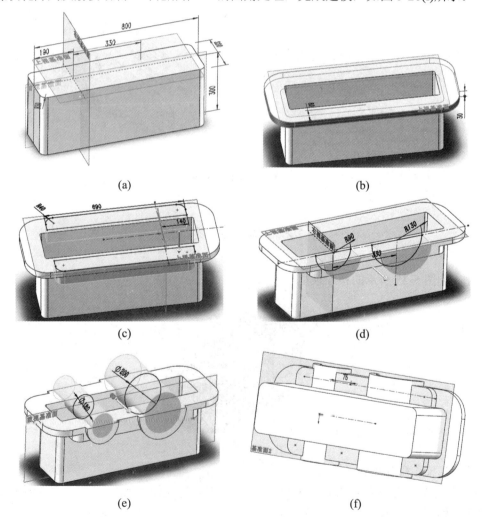

(a)　　　　　　　　　　　　　　　　　(b)

(c)　　　　　　　　　　　　　　　　　(d)

(e)　　　　　　　　　　　　　　　　　(f)

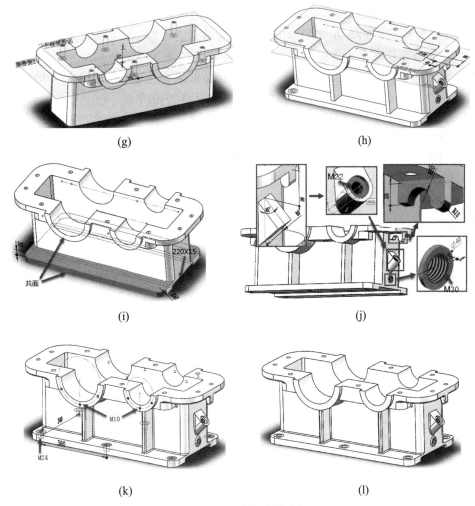

图 5-26　箱座的建模过程

5.13　篮筐结构建模

建立如图 5-27 所示的篮筐结构模型。

图 5-27　篮筐结构模型

篮筐结构建模步骤如下：

(1) 在前视基准面绘制 70×40 的椭圆，设置等距实体为 20，拉伸为 5，如图 5-28(a) 所示；在拉伸体表面转化实体引用，等距为 10，转为构造线，如图 5-28(b)所示。

(2) 在拉伸体表面绘制 $\phi 3$ 的圆，圆心与椭圆构造线重合且与端点距离为 5，如图 5-28(c) 所示；在上视基准面新建草图绘制 R80 的圆弧，如图 5-28(d)所示。

(3) 如图 5-28(e)所示，新建 3 维草图作为路径，设置图示圆弧中点与 R80 的圆弧重合。以 $\phi 3$ 圆为轮廓扫描操作，如图 5-28(f)所示。以圆直径 $\phi 3$ 为尺寸对扫描体进行随形阵列操作，参数设置如图 5-28(g)所示，阵列结果如图 5-28(h)所示。

(4) 如图 5-28(i)所示，在拉伸体表面绘制 5×4 的圆角矩形作为轮廓，以 R80 圆弧为路径扫描；对轮廓作 R2 的圆角处理，完成建模，如果如图 5-28(j)所示。改变 5-28(e)草图，将圆弧变为直线并将图 5-28(d)中圆弧半径修改为 92，重新生成模型，模型结构改变结果如图 5-28(k)所示。

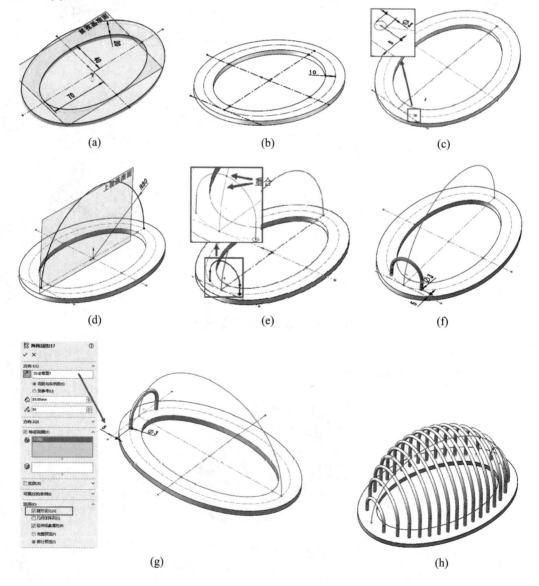

(a)   (b)   (c)

(d)   (e)   (f)

(g)   (h)

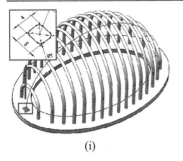 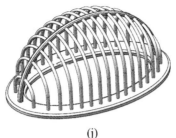 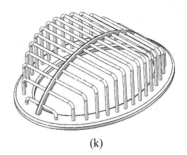

(i)　　　　　　　　　　(j)　　　　　　　　　　(k)

图 5-28　篮筐结构的建模过程

5.14　足球建模

建立如图 5-29 所示的足球模型。

图 5-29　足球模型

足球建模步骤如下：

(1) 在前视基准面绘制内切圆φ50 的正五边形，如图 5-30(a)所示；新建 3 维草图，从正五边形顶点绘制中心线，与正五边形相邻的两边夹角为 120 度，如图 5-30(b)所示。

(2) 以绘制的构造线及正五边形的邻边为参考，新建基准面 1，如图 5-30(c)所示；在基准面 1 新建草图，绘制正六边形，如图 5-30(d)所示。

(3) 以图示正五边形顶点、正五边形及正六边形中心为参考，新建基准面 2 如图 5-30(e)所示；在基准面 2 新建草图，过正五边形中心绘制前视基准面的垂线作为基准轴 1，过正六边形中心绘制基准面 2 的垂线作为基准轴 2。基准轴 1-2 的交点为基准点 1，如图 5-30(f)所示。

(4) 以正五边形和基准点 1 进行放样，如图 5-30(g)所示；以正六边形和基准点 1 进行放样，如图 5-30(h)所示。

(5) 如图 5-30(i)所示，在基准面 2 上绘制 R60 的半圆弧进行旋转切除；继续在基准面 2 上绘制草图进行旋转切除，如图 5-30(j)所示；对曲面五边形及六边形进行 R1 倒圆角，如图 5-30(k)所示。

(6) 如图 5-30(l)所示，以基准轴 1 为中心，对曲面六面体进行等间距圆周阵列操作 5 次，结果如图 5-30(m)所示；如图 5-30(n)所示，以基准轴 2 为中心，对曲面五面体和六面体进行间距为 120.00 度圆周阵列操作 2 次，结果如图 5-30(o)所示；如图 5-30(p)所示，以基准轴 1 为中心，对曲面五面体和六面体进行间距为 72 度圆周阵列操作 5 次，结果如图

5-30(q)所示。

(7) 以基准点 1 为中心，进行实体移动复制，结果如图 5-30(r)所示；设定新复制实体的颜色，完成建模。

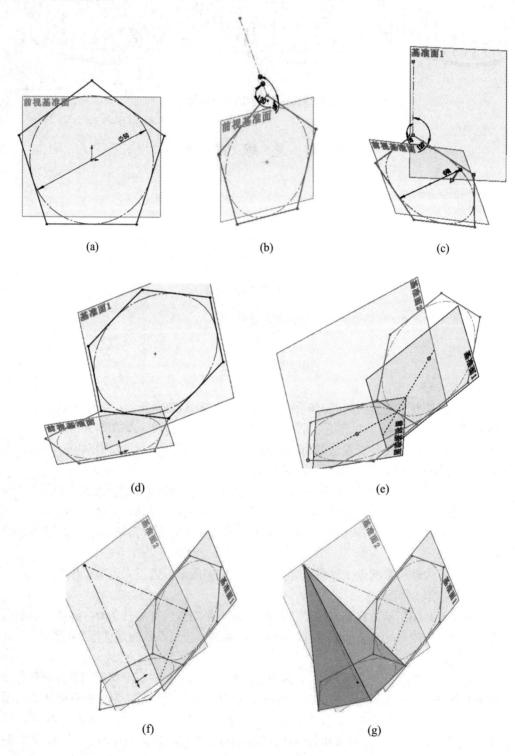

(a)　　　　　　　　　　(b)　　　　　　　　　　(c)

(d)　　　　　　　　　　　　　　(e)

(f)　　　　　　　　　　　　　(g)

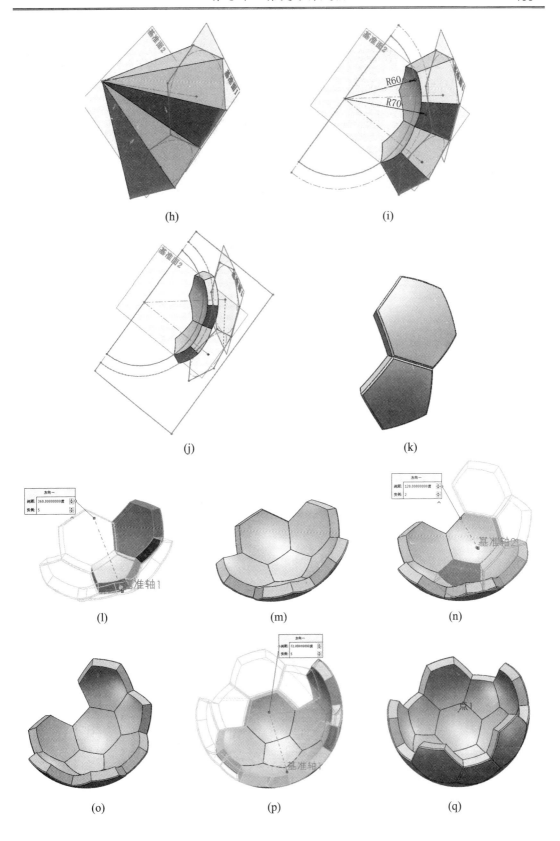

(h)　　　　　　　　　　　　　　　(i)

(j)　　　　　　　　　　　　　　　(k)

(l)　　　　　　　　　　　(m)　　　　　　　　　　　(n)

(o)　　　　　　　　　　　(p)　　　　　　　　　　　(q)

(r)

图 5-30　足球的建模过程

练　习　题

绘制如图 5-31 的模型。

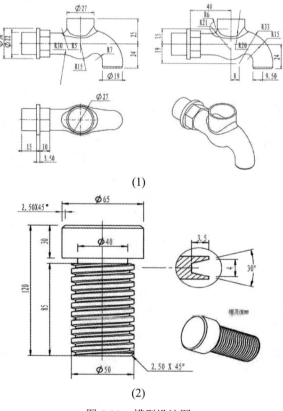

(1)

(2)

图 5-31　模型设计图

第6章 装 配 体

 【本章导读】

本章介绍 SolidWorks 软件装配命令的实现方法，主要包括零件的标准配合方式、高级配合方式及机械配合方式，在此基础上对装配体的爆炸图、装配体动画实现技术做了说明。通过本章内容的学习，读者应掌握三维虚拟装配的方法、装配体爆炸图与动画的实现技术。

 【本章知识点】

❖ 装配体工具栏
❖ 零件的标准配合
❖ 零件的高级配合
❖ 零件的机械配合
❖ 装配体的干涉检查
❖ 装配体爆炸图
❖ 装配体动画技术

6.1 装 配 体 设 计

装配体设计用于表述零件之间的配合关系，装配工具栏装配工具提供了干涉检查、运动模拟、爆炸视图及装配统计等诸多功能。

6.1.1 设计方法

装配体设计包括两种设计方法：自下而上设计法和自上而下设计法。

1. 自下而上设计法

自下而上设计法是比较传统的方法，即先设计并造型零件，然后将之插入装配体，接着使用配合来定位零件。若想更改零件，则必须单独编辑零件。自下而上设计法对于已制造、现售的零件、标准零部件是优先的技术选择。

2. 自上而下设计法

自上而下设计法在 SolidWorks 中也称为"关联设计"。在自上而下设计法中，零件的形状、大小及位置可在装配体中设计。自上而下设计法的优点是在设计更改时改动更少，零件可根据所创建的方法来自我更新。可以在零件的某些特征上、完整零件上或整个装配体上使用自上而下设计法。在实践中，通常使用自上而下设计法来布局其装配体，并捕捉对装配体特定的自定义零件的关键要素。

6.1.2　设计过程

如图 6-1 所示，一般将装配体设计过程分为以下四步：

图 6-1　装配设计过程

(1) 确定装配层次：确定子装配体组成，将装配体划分为套件、组件、部件等独立装配单元。

(2) 确定装配顺序：在划分装配单元，确定装配基准件之后，可根据装配体的结构形式和各零部件的相互约束关系，确定零部件的装配顺序。

(3) 确定装配约束：确定基准件和其他组成件的定位及相互约束关系，主要由装配特征、约束关系和装配设计管理树组成。

(4) 干涉检查：检查装配体各零部件之间是否存在位置关系干涉和运动关系干涉。

6.2　SolidWorks 装配体

装配就是定义零件之间几何运动关系和空间位置关系的过程。每个零件在自由的空间中具有六个自由度；装配关系则包括平面约束、直线约束、点约束等几大类，每种约束所限制的自由度数目不同。

6.2.1　装配工具

SolidWorks 提供了多种工具，可以实现零件的快速装配。其具体操作方法为：新建文件，弹出如图 6-2 所示的对话框，选择装配体文件，在弹出的对话框中单击【浏览】按钮，选择模型文件后，单击【确定】按钮生成装配体文件，如图 6-3 所示。单击工具栏上的 🔩 按钮，可以继续向装配体文件中插入新的零件。

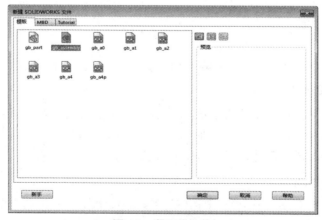

图 6-2　装配体文件

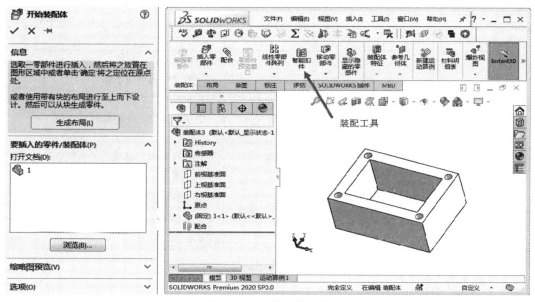

图 6-3　新建装配体文件

装配体设计树显示如下项目：

(1) 顶层装配体(第一项)。

(2) 各种文件夹，例如注解和配合。

(3) 装配体基准面和原点。

(4) 零部件(子装配体和单个零件)。

(5) 装配体特征(切除或孔)和零部件阵列。

　　单击零部件名称旁的箭头可展开或折叠每个零部件以查看其细节。如要折叠树中所有项目，可用右键单击树中任何地方，然后选择折叠项目。在一个装配体中多次使用相同的零部件，对于装配体中每个零部件实例，后缀<n>会递增。

　　在设计树中，一个零部件名称都可以有一个前缀，此前缀提供了有关该零部件与其他零部件关系的状态信息。这些前缀为：(−)表示欠定义；(+)表示过定义；(f)表示固定；(?)表示无解。如果没有前缀，则表明此零部件的位置已完全定义。系统默认首先插入装配体的零件为"固定"，零件在装配时都可以重定义为"固定"或"浮动"状态。

　　对于已装配的装配体文件，打开后可以重新编辑、替换零件、重新定义零件装配关系。表 6-1 给出了装配体编辑命令说明。

表 6-1　装配体编辑

名　称	功　能	操作方法
插入零部件阵列	使用零件中的阵列特征来生成零部件阵列	从菜单中选取【插入】|【零部件阵列】命令
替换零部件	用不同的零部件替换所选零件的所有实例	在装配体中，右键单击零部件，并从菜单中选取【替换】命令
查看从属关系	在当前装配体中显示成零部件之间的从属关系	在设计树中右键单击顶层零部件，选取【查看从属关系】命令

名　　称	功　　能	操作方法
编辑配合	修改已经设定的配合关系	在设计树中右键单击配合,从快捷菜单中选取【编辑定义】命令
重新排序	在设计树中为许多特征重新排序,以控制工程图中材料明细表中的顺序	在设计树中拖动零部件并定位
解散子装配体	在主装配体中用子装配体中零部件替代这个子装配体	在设计树中右键单击子装配体图标,并选取【解散子装配体】命令
生成新子装配体	使用当前装配体的零件创建一个新的装配体	在设计树中右键单击零部件或零件,从快捷菜单中选取【在此生成新子装配体】命令

6.2.2　配合关系

SolidWorks 的配合关系主要有:平面重合、平面平行、平面之间成角度、曲面相切、直线重合、同轴心和点重合等。单击工具栏上的 ![按钮] 按钮,弹出配合管理器,如图 6-4 所示,其中给出了各种配合关系的列表选项。表 6-2~表 6-4 给出了标准配合关系、高级配合关系及机械配合关系的具体说明,在装配时,将使用这些关系来定义零件之间的位置关系。

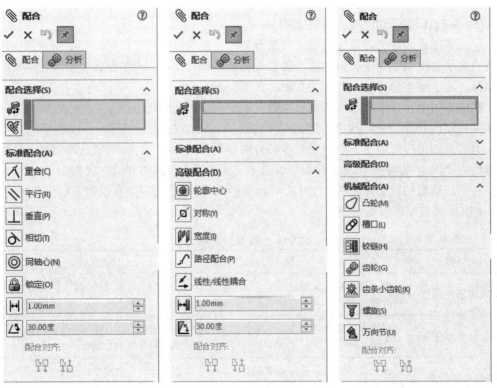

图 6-4　配合管理器

表 6-2 标准配合关系

关系	配 合 说 明	配合前	配合后
重合	将所选面、边线及基准面定位于同一个无限面，并定位两个顶点使其彼此接触		
平行	放置所选项，彼此间保持等间距		
垂直	将所选项以彼此间 90°而放置		
相切	将所选项以彼此间相切而放置(有一选项须为圆柱面、圆锥面或球面)		
同轴心	将所选项置于同一中心线		
锁定	保持两个零部件之间的相对位置和方向。零部件相对于对方被完全约束		
⊬(距离)	将所选项以彼此间指定的距离而放置		
⊿(角度)	将所选项以彼此间指定的角度而放置		

表 6-3 高级配合关系

高 级 配 合	
轮廓中心	自动将几何轮廓的中心相互对齐并完全定义零部件
对称	迫使两个相同实体绕基准面或平面对称
宽度	将标签薄片置中于凹槽宽度内
路径配合	将零部件上所选的点约束到路径上，在装配体中可以选择一个或多个实体特征来定义路径，并且可以定义零部件在沿路径经过时的纵倾、偏转和摇摆等特性
线性/线性耦合	在一个零件的平移和另一个零件的平移之间建立几何关系
⊬(距离限制)	允许零部件距离配合在一定数值范围内移动
⊿(角度限制)	允许零部件角度配合在一定数值范围内移动

表 6-4 机械配合关系

机 械 配 合	
凸轮	迫使圆柱、基准面或点与一系列相切的拉伸面重合或相切
槽口	可将螺栓配合到直通槽或圆弧槽，也可将槽配合到槽。可以选择轴、圆柱面或槽，以便创建槽配合
铰链	将两个零部件之间的移动限制在一定的旋转范围内，其效果相当于同时添加同心配合和重合配合，可以限制两个零部件之间的移动角度

续表

机 械 配 合	
齿轮	强迫两个零部件绕所选轴彼此相对而旋转
齿条和小齿轮	齿条的线性平移引起齿轮周转，反之亦然
螺旋	将两个零部件约束为同心，且使一个零部件的旋转引起另一个零部件的平移
万向节	一个零部件(输出轴)绕自身轴的旋转是由另一个零部件(输入轴)绕其轴的旋转驱动的

在装配过程中，通常需要使用装配体中的基准、草图及零部件中的基准、草图实体、面/曲面来定义零件之间的位置关系。

6.2.3　高级配合实例

高级配合关系的内容见表 6-3，具体说明如下。

1. 轮廓中心

单击工具栏上的 按钮，选择【高级配合】|【轮廓中心】命令，弹出配合管理器。在【配合选择】中选择"面<1>@配合演示-1"即零件的底面， (距离)输入 5.00 mm，选择合适的方向，单击 ✔ 按钮，装配结果如图 6-5 所示。如果所选轮廓属于不规则平面，则可以在轮廓面上先绘制规则的草图，作为配合选择的实体。

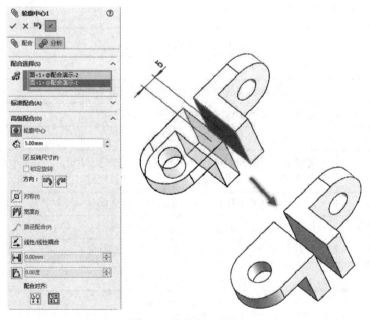

图 6-5　轮廓中心配合

2. 对称

在装配体中首先新建基准面 1，与零件侧面平行。单击工具栏上的 按钮，选择【高级配合】|【对称】命令，弹出配合管理器。【配合选择】中 选择零件侧面，【对称基准面】选择基准面 1，单击 ✔ 按钮，装配结果如图 6-6 所示。

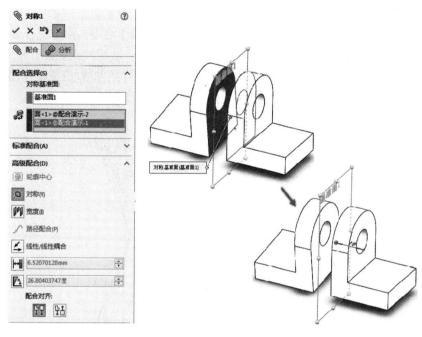

图 6-6　对称配合

3. 宽度

　　单击工具栏上的 🖉 按钮，选择【高级配合】|【宽度】命令，弹出配合管理器。【宽度选择】选择零件槽口的侧面，【薄片选择】选择零件的两个侧面，单击 ✔ 按钮，装配结果如图 6-7 所示。

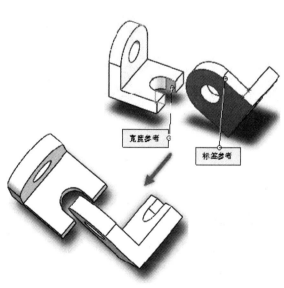

图 6-7　宽度配合

4. 路径配合

单击工具栏上的 ✍ 按钮，选择【高级配合】|【路径配合】命令，弹出配合管理器。【配合选择】选择零件的方孔顶点与路径的棱线，单击 ✔ 按钮，装配结果如图 6-8 所示。如图 6-9 所示，继续设定方孔草图中心与路径零件中的草图——样条曲线(扫描路径)重合；两零件端面平行。可以用鼠标拖动零件作沿路径的运动。

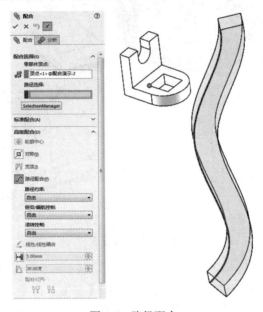

图 6-8　路径配合

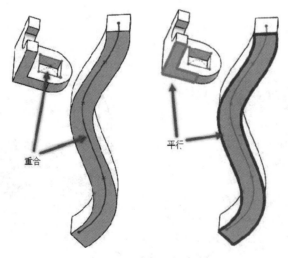

图 6-9　重合与平行配合

5. 线性/线性耦合

单击工具栏上的 ✍ 按钮，选择【高级配合】|【线性/线性耦合】命令，弹出配合管理器。【配合选择】中 🗗 (要配合的实体)选择滑座，🖰 (参考零部件)都选基座，输入【比率】1.00 mm：2.00 mm，单击 ✔ 按钮。装配结果如图 6-10 所示。用鼠标拖动零件，两个滑座零件的速度相差一倍。

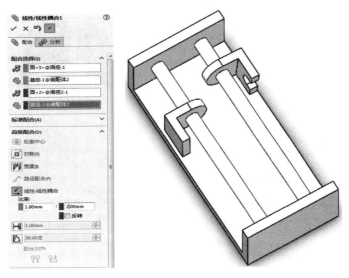

图 6-10 线性耦合

6. 距离限制

单击工具栏上的🔗按钮，选择【高级配合】|【距离限制】命令，弹出配合管理器，如图 6-11(a)所示。【配合选择】选择零件的外侧面，⟟(最大值)输入 15.00 mm，⧣(最小值)输入 3.00 mm，单击 ✔ 按钮，装配结果如图 6-12(a)所示。

7. 角度限制

单击工具栏上的🔗按钮，选择【高级配合】|【角度限制】命令，弹出配合管理器，如图 6-11(b)所示。【配合选择】选择零件的外侧面，⟟(最大值)输入 120.00 度，⧣(最小值)输入 60.00 度，单击 ✔ 按钮，装配结果如图 6-12(b)所示。如图设定零件边线重合，可以用鼠标拖动零件作设定角度范围内的旋转。

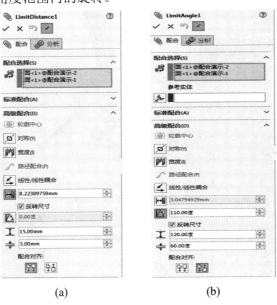

(a)   (b)

图 6-11 限制管理器

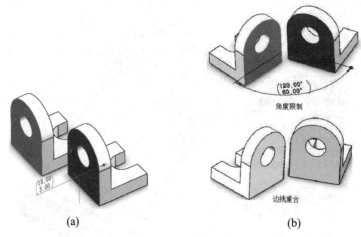

(a)　　　　　　　　　　　　　　　(b)

图 6-12　限制配合

6.2.4　机械配合实例

机械配合关系的内容见表 6-4，具体说明如下。

1. 凸轮

如图 6-13 所示，新建凸轮模型，插入顶杆零件，单击工具栏上的 🔗 按钮，选择【机械配合】|【凸轮】命令，弹出配合管理器。【配合选择】中【凸轮槽】选择凸轮曲面，【凸轮推杆】选择顶杆圆弧面，单击 ✔ 按钮，完成凸轮配合。

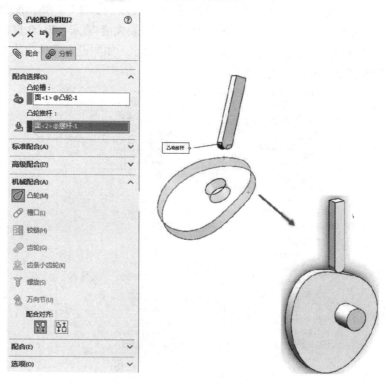

图 6-13　凸轮配合

2. 槽口

打开模型文件，如图 6-14(a)所示插入三个零件，如图单击工具栏上的 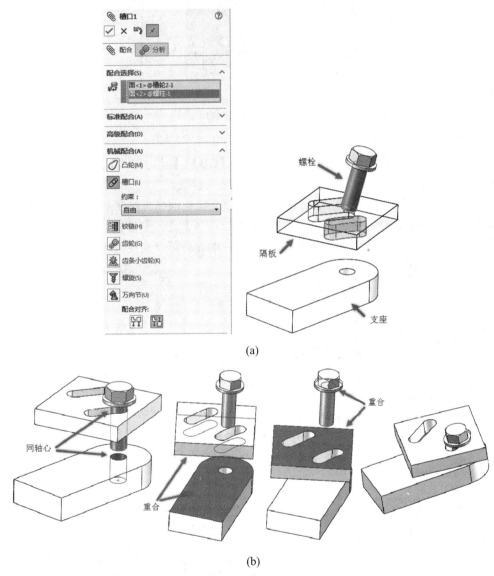按钮，选择【机械配合】|【槽口】命令，弹出配合管理器。【配合选择】中选择隔板上的槽口与螺栓圆柱面，单击 ✔ 按钮，完成槽口配合。继续选择螺栓圆柱面与支座孔内侧面作同轴心安装，隔板下底面与支座上端面重合，螺栓垫片与隔板上端面重合，单击 ✔ 按钮，如图 6-14(b)所示。

(a)

(b)

图 6-14　槽口配合

3. 铰链

打开模型文件，单击工具栏上的 按钮，选择【机械配合】|【铰链】命令，弹出配合管理器，如图 6-15 左图所示。【配合选择】中【同轴心选择】选择零件的圆柱面，【重合选择】选择零件的上端面，单击 ✔ 按钮。装配结果如图 6-15 右图所示。勾选【指定角度限制】，输入 ⊥ 最大值和 ⊤ 最小值。转动零件，可以实现指定角度范围内的转动。

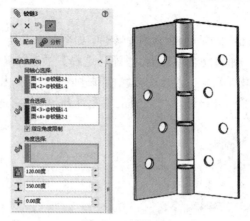

图 6-15　铰链配合

4. 齿轮

单击【设计库】|【Toolbox】命令，右键选择【GB】|【动力传动】|【齿轮】|【正齿轮】命令，在弹出的菜单中选择【生成零件】命令。输入参数，生成齿轮并新建装配体文件，如图 6-16 所示。在齿轮端面分别绘制分度圆，并定义齿轮轴线与前视基准面重合。单击【机械配合】|【齿轮】命令，弹出配合管理器。【配合选择】选择分度圆，继续定义两个齿轮轴线距离，单击 ✓ 按钮，结果如果 6-17 所示，拖动旋转可以实现齿轮转动。

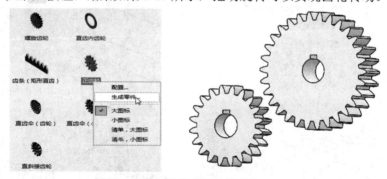

图 6-16　新建齿轮装配体

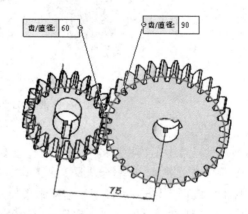

图 6-17　齿轮配合

5. 齿条和小齿轮

在图 6-17 所示装配体中继续点击 Toolbox 插入相同模数齿条，输入【齿距高度】为 20；在齿条端面绘制直线与齿条底边距离等于齿距高度。单击【机械配合】|【齿条小齿轮】命令，弹出配合管理器。【配合选择】选择齿条端面绘制的直线与齿轮分度圆；勾选【小齿轮齿距直径】并输入 90.00 mm；继续定义齿条底面与前视基准面平行、齿条端面与齿轮端面重合；设定齿条端面直线与齿轮轴线距离，单击 ✔ 按钮，结果如图 6-18 所示，拖动齿轮旋转可以实现齿条平动。

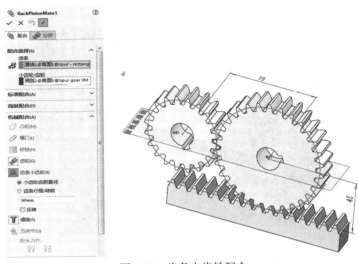

图 6-18　齿条小齿轮配合

6. 螺旋

单击工具栏上的 🖉 按钮，选择【机械配合】|【螺旋】命令，弹出配合管理器。【配合选择】选择螺杆零件及与之配合的滑块螺孔圆柱面，【距离/圈数】输入 5.00 mm，单击 ✔ 按钮。装配结果如图 6-19 所示。转动螺杆，滑块将在导轨上滑动；反之拖动滑块，螺杆也发生转动。

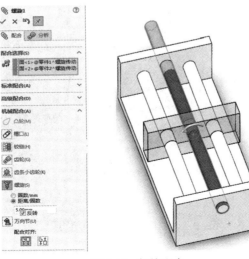

图 6-19　螺旋配合

7. 万向节

新建万向节模型文件，如图 6-20(a)所示；生成装配体文件，如图 6-20(b)所示。新建基准轴 1，单击工具栏上的 🖉 按钮，首先定义零件 1 与基准轴 1 同轴心，然后选择【机械配合】|【万向节】命令，弹出配合管理器。【配合选择】中选择两个零件的圆柱面，勾选【定义连接点】，选择图 6-20(b)所示的连接点，单击 ✔ 按钮，完成万向节配合。继续定义两个零件的连接点位置点重合，轴线夹角 150 度，单击 ✔ 按钮，如图 6-21 所示。转动其中任一个零件，另外一个同步转动。

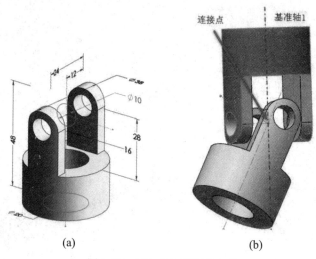

(a)　　　　　　　　　　　　　　　　(b)

图 6-20　万向节与装配体文件

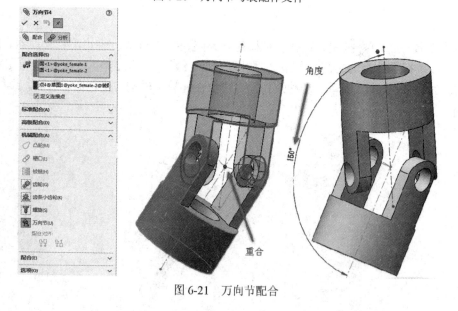

图 6-21　万向节配合

6.3　装配体实例

下面通过常见零件的装配，具体说明装配工具的使用。

6.3.1 滚动轴承与辊道

按如图 6-22 所示尺寸绘制滚动轴承的三个主要零件：内圈、外圈、滚珠。

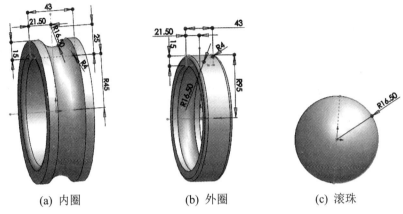

(a) 内圈   (b) 外圈   (c) 滚珠

图 6-22 滚动轴承主要零件

新建装配体文件，插入三个零件。为便于观察，首先装配滚珠与内圈。定义内圈固定，单击工具栏上的 按钮，选择【标准配合】|【相切】命令，弹出配合管理器，选择滚珠球面与外圈槽面，确定后如图 6-23(a)所示；单击工具栏上的 按钮，对滚珠进行圆周阵列，如图 6-23(b)所示；选择外圈、内圈圆柱面，单击【标准配合】|【同轴心】命令，确定后如图 6-23(c)所示；最后选择外圈、内圈右视基准面，再选择【重合】命令，单击 按钮，完成装配，如图 6-23(d)所示。

新建装配体文件，插入图 6-24 所示的输送辊、基座零件及轴承装配体，轴承装配体作为子装配体出现在新装配体文件中相当于一个零件。首先隐藏基座，利用同轴心及端面重合命令在输送辊上装配合好轴承。单击工具栏上的 按钮，在图 6-25(a)所示的属性管理器的【镜像基准面】选择输送辊右视基准面，【要镜像的零部件】选择轴承，镜向结果如图 6-25(b)所示。

显示基座零件，按图 6-25(c)所示设定轴承外圈与基座安装孔同轴心并锁定旋转，按图 6-25(d)所示设定轴承端面与基座内侧面重合。单击工具栏上的 按钮，进行特征驱动阵列，在图 6-25(e)所示的属性管理器的【要阵列的零部件】选择输送辊、轴承及其镜像，【驱动特征或零部件】选择基座上的阵列孔，单击 按钮，结果如图 6-25(f)所示。

(a)   (b)

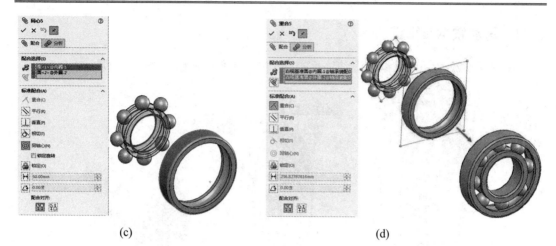

(c)　　　　　　　　　　　　　(d)

图 6-23　滚动轴承装配

图 6-24　输送辊与基座

(a)　　　　　　　　　　　　　(b)

(c)　　　　　　　　　　　　　(d)

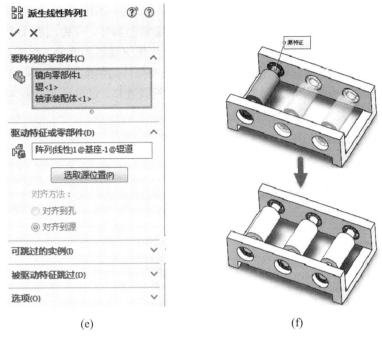

(e)   (f)

图 6-25 辊道装配

6.3.2 带传动装配

按图 6-26(a)所示尺寸绘制带轮 2。打开图 3-11(f)所示的带轮 1，新建装配体文件，插入带轮零件，并定位所有带轮前视基准面与装配体前视基准面重合。带轮 1 轴线与带轮 2 轴线位于上视基准面，距离为 200 mm；带轮 1 轴线与带轮 3 轴线位于右视基准面，距离为 120 mm，如图 6-26(b)所示。

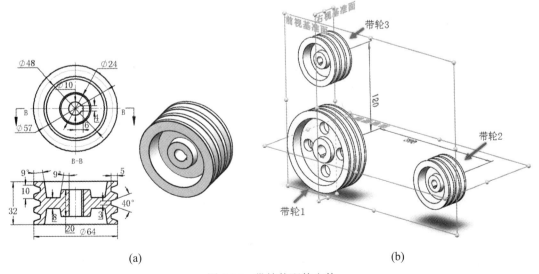

(a)   (b)

图 6-26 带轮装配体文件

单击工具栏上的 按钮，在属性管理器【皮带构件】中选择三个带轮的轮槽底部，勾选【启用皮带】，单击 ✔ 按钮生成黄色皮带位置线，如图 6-27(a)所示。此时设计树中出现皮带 1，其下出现皮带位置线草图和一个实体；右键单击实体，在弹出的菜单中选择编辑，在上视基准面带轮 2 轮槽处绘制皮带界面草图，以皮带位置线为路径，按图 6-27(b)所示扫描生成皮带实体，线性阵列产生另外两根皮带，完成带传动装配体，如图 6-27(c)所示。转动一个带轮，其余两个带轮同时转动。如果皮带上承载物料，这时还不能使物料产生运动，需要继续定义装配关系，模拟物料的运动。

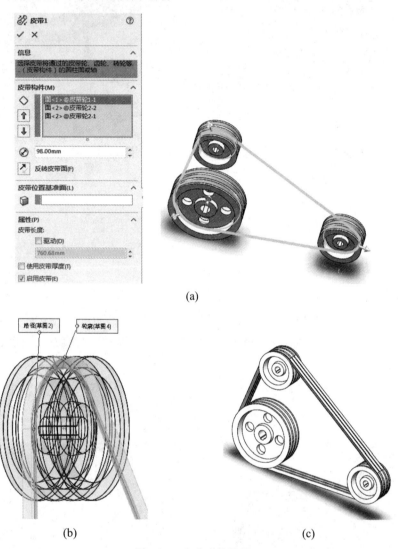

(a)

(b)   (c)

图 6-27 生成皮带装配

在装配体前视基准面新建草图，绘制皮带外端面轨迹，插入一个方块物料(尺寸自定)。在方块底面新建草图绘制中心线，如图 6-28(a)所示。

如图 6-28(b)所示，定义方块底面绘制的中心线两端点与皮带外端面轨迹为路径配合关系；如图 6-28(c)所示，定义方块两侧面与带轮两端面宽度配合；如图 6-28(d)所示，定义方块底面绘制的中心线与带轮轮廓为齿条和小齿轮啮合。再转动带轮，方块也将在皮带上运动。

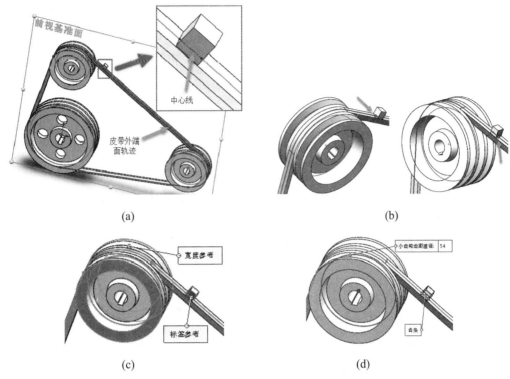

(a)   (b)

(c)   (d)

图 6-28 物料运动配合

6.3.3 链传动装配

单击【设计库】|【Toolbox】命令，右键选择【ISO】|【动力传动】|【链轮】命令，在弹出的菜单中选择【生成零件】。输入参数，生成齿数分别为 15、25 的 12A-1 型链轮，如图 6-29(a)所示。在链轮端面分别绘制分度圆。新建装配体文件，插入链轮零件，并定位链轮前视基准面与装配体前视基准面重合，链轮 1 轴线与链轮 2 轴线位于上视基准面，距离 475。插入图 6-29(b)所示的 12A-1 链节。

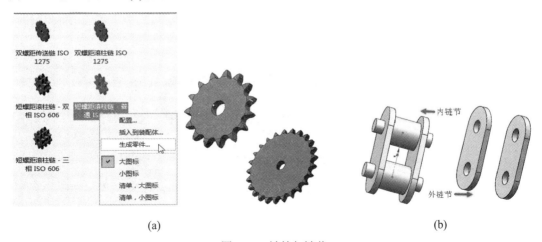

(a)   (b)

图 6-29 链轮与链节

单击工具栏上的 按钮，在属性管理器【皮带构建】中选择链轮的分度圆，单击 ✔ 按
钮生成黄色链条位置线，如图 6-30 所示。

图 6-30　链条位置线

单击工具栏上的【链零件阵列】命令按钮 ，选择内链节阵列，按图 6-31(a)所示进行
设置，确定完成。同样，按图 6-31(b)所示设置完成外链节阵列。内链节外伸轴与外链节孔
还没有配合，按图 6-31(c)所示定义二者同轴心，完成链条的装配。此时转动链轮，链条不
能实现同步运动，按图 6-32 所示设置内链节的中心轴线与链轮的分度圆作齿条齿轮配合。
再转动链轮，链条可以同步运动。

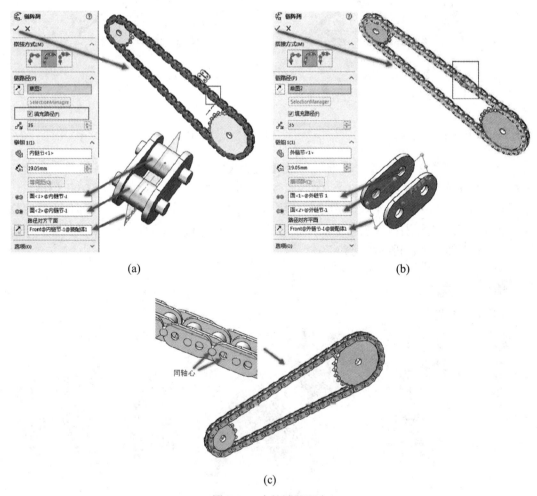

(a)　　　　　　　　　　　　　　　　　　(b)

(c)

图 6-31　内外链节配合

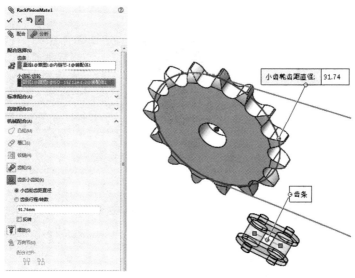

图 6-32　齿条齿轮配合

6.3.4　泵体装配

采用多实体方法对图 6-33 所示泵体设计配套泵盖、垫片并进行装配。

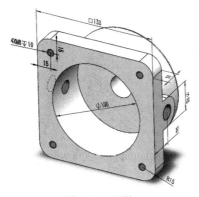

图 6-33　泵体

新建并打开泵体模型文件。选择泵体前端面建草图，单击工具栏 按钮，转换实体引用并按图 6-34(a)所示拉伸 18 mm，生成拉伸实体。继续在泵体前端面新建草图，单击前导工具栏上的【隐藏线可见】 按钮，选择同心圆(如图 6-34(b)所示)，做同样操作反向拉伸 2 mm，生成拉伸特征。拉伸属性管理器中勾选【合并实体】，【特征范围】栏勾选【所选实体】，选择前一步生成的实体。

选择右视基准面，新建图 6-34(c)所示的草图，作旋转特征，并在圆柱面上插入装饰螺纹线，如图 6-34(d)所示。如图 6-34(e)所示，选择轮廓边线作倒角、圆角(如图 6-34(f)所示)，保存文件。

选择菜单栏中的【插入】|【特征】|【保存实体】命令，弹出如图 6-35 所示的对话框，勾选所产生零件、选择装配体目录，单击 按钮，生成如图 6-36(a)所示的装配体及泵体、泵盖实体零件。

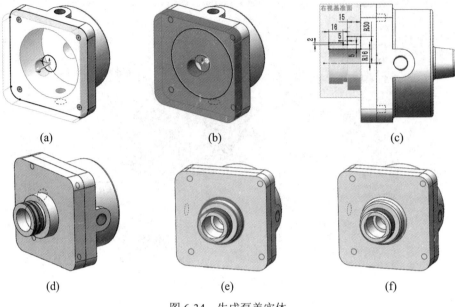

(a)　　　　　　　　　　(b)　　　　　　　　　　(c)

(d)　　　　　　　　　　(e)　　　　　　　　　　(f)

图 6-34　生成泵盖实体

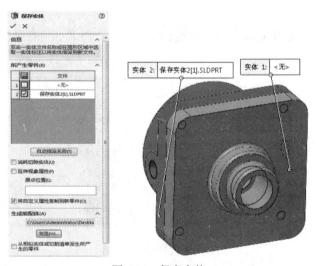

图 6-35　保存实体

打开装配体文件，包含泵体、泵盖两个实体文件，默认为固定状态。打开泵盖文件，在前端面插入 M8 沉头孔并阵列，如图 6-36(b)、(c)所示。

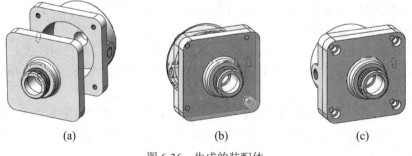

(a)　　　　　　　　　　(b)　　　　　　　　　　(c)

图 6-36　生成的装配体

设置泵盖为浮动,拖动泵盖并隐藏泵盖零件。下面设计垫片零件,并装配。单击菜单栏中的【插入】|【零部件】|【新零件】命令,设计树出现新建零件项目,右键单击设计树,在弹出的菜单中选择【编辑零件】命令。选择泵体前端面,创建草图,选择泵体端面轮廓,单击🗋按钮,转换实体引用并拉伸 2 mm,生成垫片,过程如图 6-37(a)、(b)所示。这种先有装配体,后确定具体零件的方法称为自上而下设计方法,所产生的零件在设计变动时可以实现自动更新。显示泵盖零件,利用同轴心及实体面重合命令完成零件装配,如图 6-37(c)所示。

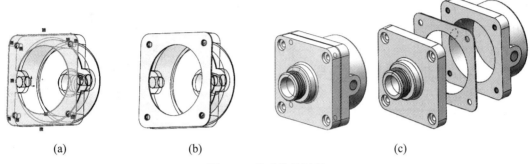

(a)　　　　　　(b)　　　　　　(c)

图 6-37　生成垫片过程

单击工具栏上的 🖾 按钮,进行智能扣件装配。在图 6-38(a)所示的属性管理器的【选择】中选择阵列(圆周)1,单击【添加】按钮,弹出如图 6-38(b)所示的对话框,【大小】选择 M8,【长度】选择 30,单击 ✔ 按钮,自动生成螺栓组,如图 6-39 所示。

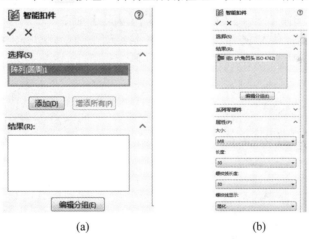

(a)　　　　　　(b)

图 6-38　【智能扣件】属性管理器与【智能扣件】对话框

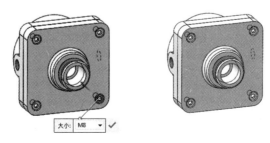

图 6-39　螺栓组

6.3.5　直齿圆锥齿轮与蜗轮蜗杆装配

直齿圆锥齿轮和蜗轮蜗杆的装配需要添加辅助的几何基准。

1. 直伞齿轮装配

齿轮装配需要考虑让齿轮的齿廓与啮合齿轮的齿槽完全配合，再使用【机械配合】中的齿轮配合选项，这样运动才不会相互干涉。下面以直齿圆锥齿轮为例说明配合过程，具体操作步骤如下：

首先打开齿轮零件，选择齿轮 1 一个齿根轮廓的中点为新建基准点 1，以基准点 1 与齿轮 1 中心轴为参考建立基准面 1；选择齿轮 2 一个齿顶轮廓中点为新建基准点 1，与齿轮 2 中心轴为参考建立基准面 1。如图 6-40 所示在一个齿轮中显示基准面 1 与基准面 2 的位置。在齿轮端面新建草图，绘制分度圆。

图 6-40　基准面 1 与基准面 2 位置

(1) 如图 6-41(a)所示新建装配体，引入齿轮安装架及设置好基准面的齿轮。首先利用同轴心命令将齿轮装到各自轴线。

(2) 利用重合命令将两个齿轮的节锥交点设为重合。此时两个齿轮的齿廓相互干涉。

(3) 设定齿轮 1 的基准面 1 与齿轮 2 的基准面 1 重合，此时齿轮的齿与槽完全配合，如图 6-41(b)所示。选择【配合】|【机械配合】|【齿轮】命令，在属性管理器【配合选择】中选择齿轮的分度圆，单击 ✔ 按钮。压缩齿轮基准面 1 的重合配合，拖动任一齿轮旋转，则另一个齿轮同时旋转。

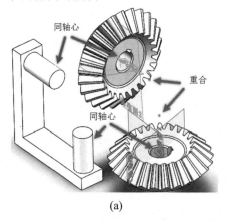

(a)

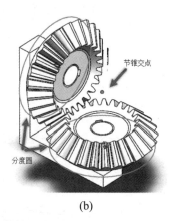

(b)

图 6-41　直齿圆锥齿轮装配

2. 蜗轮蜗杆装配

蜗轮蜗杆装配操作步骤如下：

(1) 打开蜗轮，新建基准面 1，选择参考为蜗轮中心轴与上视基准面，输入上视基准面夹角为 2.48°(扫描切除齿廓中心线与水平线夹角)。如图 6-42(a)所示新建装配体，引入安装架及蜗轮蜗杆。首先利用同轴心命令将蜗轮蜗杆装到各自轴线。

(2) 利用重合命令将蜗轮前视基准面与安装架前视基准面设为重合。此时蜗轮蜗杆基本到位，只有齿廓相互干涉，如图 6-42(b)所示。

（3）蜗轮与蜗杆前视基准面设为重合，蜗杆齿形草图中心线与蜗轮基准面 1 距离为端面齿厚的整数倍，此时蜗杆的齿与蜗轮槽配合，如图 6-42(c)所示。

（4）如图 6-42(d)所示，单击【配合】|【机械配合】|【齿轮】命令，在属性管理器【配合选择】中选择蜗杆轴上任一圆轮廓及蜗轮端面任一圆轮廓，输入【比率】为 1 mm：13.5 mm，单击 ✔ 按钮。压缩上一步的配合，旋转蜗杆，蜗轮同时旋转。

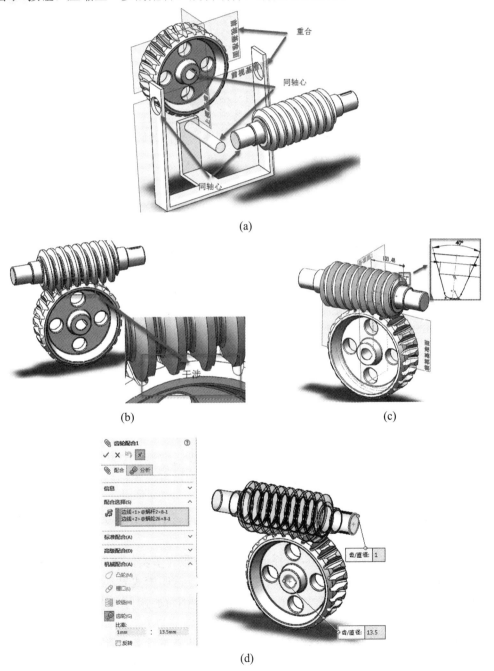

(a)

(b)　　　　　　　　　　　　　　　　　　　(c)

(d)

图 6-42　蜗轮蜗杆装配

6.4 干 涉 检 查

在所有零件装配好后，通常需要进行装配体的干涉检查。在移动或旋转零部件时检查其与其他零部件之间的冲突。SolidWorks 可以检查所选零部件之间的碰撞以及对因与所选的零部件有配合关系而移动的零部件的碰撞。通过检查整个装配体文件实现：

(1) 确定零部件之间是否干涉。

(2) 显示干涉的真实体积为上色体积。

(3) 更改干涉和不干涉零部件的显示设定，以更好看到干涉。

(4) 选择忽略想排除的干涉，如紧密配合、螺纹扣件的干涉等。

(5) 选择将实体之间的干涉包括在多实体零件内。

(6) 选择将子装配体看成单一零部件，子装配体零部件间的干涉不被报出。

(7) 将重合干涉和标准干涉区分开来。

6.4.1 配合属性

单击工具栏图标 ，或选择菜单栏中【工具】|【评估】|【干涉检查】命令，打开图 6-43 所示的【干涉检查】属性管理器，其中的可控参数如下：

(1) 【所选零部件】选项：显示为干涉检查所选择的零部件。根据默认，除非预选了其他零部件，否则将出现顶层装配体。当检查一装配体的干涉情况时，其所有零部件将被检查。

【计算】按钮：单击该按钮检查零件之间是否发生干涉。

(2) 【结果】选项：显示检测到的干涉。每个干涉的体积出现在每个列举项的右边，当在结果下选择一干涉时，干涉将在图形区域中以红色高亮显示。

【忽略】按钮：单击该按钮为所选干涉在忽略和解除忽略模式之间转换。如果干涉设定到忽略，则在以后的干涉计算中将保持忽略。

【零部件视图】复选框：选择该复选框后，按零部件名称而不按干涉号显示干涉。

(3) 【选项】选项：可以对干涉检查的条件进行设置。

【视重合为干涉】复选框：将重合实体报告为干涉。

【显示忽略的干涉】复选框：选择已在结果清单中以灰色图标显示忽略的干涉。当此选项被消除选择时，忽略的干涉将不列举。

【视子装配体为零部件】复选框：当被消除选择时，子装配体被看成单一零部件，这样子装配体的零部件之间的干涉将不报出。

【包括多体零件干涉】复选框：选择该复选框，将报告多实体零件中实体之间的干涉。

【使干涉零件透明】复选框：选择该复选框，将以透明模式显示所选干涉的零部件。

【生成扣件文件夹】复选框：选择该复选框，将扣件(如螺母和螺栓)之间的干涉隔离为在结果下的单独文件夹。

【创建匹配的装饰螺纹线文件夹】复选框：从干涉检查结果中过滤掉带有匹配装饰螺纹线的零部件，并将其放入一个创建的文件夹中。

【忽略隐藏实体/零部件】复选框：选择该复选框，将隐藏实体的干涉忽略。

(4)【非干涉零部件】选项：以所选模式显示非干涉的零部件，包括【线架图】【隐藏】【透明】【使用当前项】4 个选项。

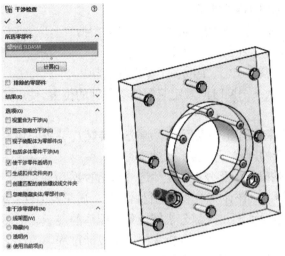

图 6-43 干涉检查

6.4.2 干涉检查步骤

装配体干涉检查步骤如下：

(1) 打开一个装配体文件，单击工具栏【干涉检查】图标，系统打开【干涉检查】属性管理器。

(2) 在【所选零部件】项目中系统默认窗口内的整个装配体，单击【计算】按钮，进行干涉检查，在干涉信息中列出发生干涉情况的零件。

(3) 单击清单中的一个项目时，相关的干涉体会在图形区域中被高亮显示，并列出相关零部件的名称。

(4) 单击 ✔ 按钮，完成对干涉体的干涉检查操作。

6.5 动 画 模 拟

动画模拟是设计交流的强有力工具，能够方便地演示产品的外观、性能及运行情况，达到直观和形象交流的目的。SolidWorks 可以直接实现产品的组装、拆卸及机构运动的动画模拟，生成动画文件，供设计评审、产品宣传、用户交流使用。单击工作区域底部的【模型】或【运动算例】标签，可以方便地实现模型和动画之间的切换。SolidWorks 可生成如下形式的动画模拟：

(1) 零件或装配体的产品外观展示动画，具有以下功能：

• 装配体或零部件的外观渐隐效果与色彩改变。

• 爆炸或解除爆炸动画，可展示装配体中零部件的装配关系。

• 与 PhotoWorks 渲染软件完全集成，可在动画中创建逼真的图像。

• 绕着模型转动或让模型转动，可从不同角度观看模型。

· 动画显示装配体的剖切视图，可展示其内部结构。

(2) 装配体零件运动模拟动画。

(3) 通过屏幕捕捉录制零件的设计过程。

在装配体中，零件运动模拟的实现方式有下述三种：

(1) 动画：装配体中零件的运动动画。

① 添加马达来驱动装配体一个或多个零件的运动。

② 使用设定键码点在不同时间规定装配体零部件的位置。使用插值来定义键码点之间装配体零部件的运动。

(2) 基本运动：在装配体上模仿马达、弹簧、接触及引力。基本运动在计算运动时会考虑到质量，生成基于物理模拟的演示性动画。

(3) 运动分析：可精确模拟和分析装配体运动单元的效果(包括力、弹簧、阻尼以及摩擦)。运动分析使用动力求解器，在计算中考虑到材料属性、质量及惯性，能深入分析模拟结果。

零件的动画及基本运动满足大部分机械设备装配体的展示、出图等要求，本节内容主要介绍这两种运动的实现方法；运动分析主要用于设计过程中的优化、参数评估及仿真分析场合，涉及较多的学科基础理论。

6.5.1　动画界面

图 6-44 为动画界面，图形区域被水平分割为顶部模型区域和底部动画制作区域。下部方框内为运动管理器(MotionManager)，其中包括 Motion 工具栏、运动管理器设计树和动画编辑区。动画编辑区主要由时间线、时间栏、更改栏、键码点等组成。所有动画操作都在动画编辑区进行。

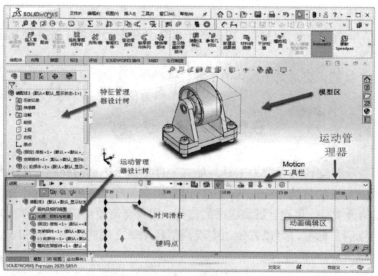

图 6-37　动画界面

6.5.2　简单动画制作

工具栏中设置了动画向导，可生成简单的动画，包括旋转模型、爆炸、解除爆炸、从

基本运动输入运动和从 Motion 分析输入运动等形式。单击动画向导按钮🐷，出现图 6-45
所示的【动画类型】对话框，按照相应的提示进行操作，可以实现模型的控制。

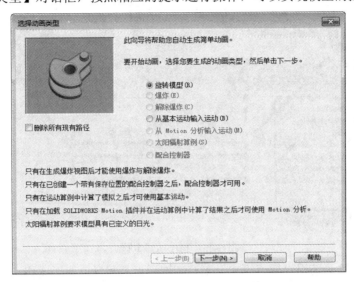

图 6-45 【选择动画类型】对话框

运动管理器(MotionManager)可以有多个动画配置，彼此间相互独立，用鼠标右键单击
【运动算例 1】标签(图 6-44 右下角)，可以选择"复制""重新命名""删除"或者"生成
新的运动算例"。在运动算例中使用运动算例单元以建模零部件或装配体的运动，可用的运
动单元见表 6-5。

表 6-5 运 动 单 元

图标	单元	动画	基本运动	运动分析
🖐	马达	√	√	√，带表达式
☰	弹簧		√(限线性)	√
✏	阻尼			√
↖	力			√
🔩	相触		√	√
🔩	引力		√	√
📊	结果和图解			√
⚙	运动算例属性	√	√	√

制作动画的基本步骤如下：
(1) 切换到动画界面。
(2) 根据机构运动的时间长度，沿时间线拖动时间栏到某一位置。
(3) 移动装配体零部件到该时刻的新位置。

打开装配模型，新建运动算例 1，算例类型选择【动画】，沿时间线拖动时间栏到某一
时间关键点，然后移动零部件到目标位置。如图 6-46 所示为四杆机构在不同时间点的位置
图，单击🔧(运算)按钮，生成动画。

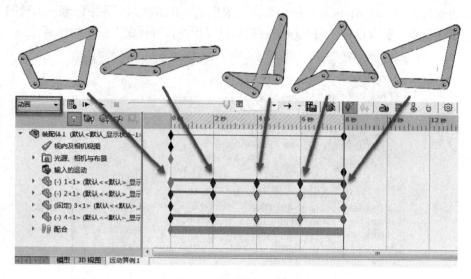

图 6-46　制作动画步骤

　　运动管理器动画使用"插值模式"来控制键码点之间变更的加速和减速运动。插值模式的基本形式有以下五种(见图 6-47):

　　(1) 线性: 此默认设置将零部件以匀速从位置 A 移动到位置 B。

　　(2) 捕捉: 零部件从位置 A 突变到位置 B。

　　(3) 渐入: 零部件开始从位置 A 缓慢移动, 然后向位置 B 加速移动。

　　(4) 渐出: 零部件开始从位置 A 快速移动, 然后向位置 B 减速移动。

　　(5) 渐入/渐出: 零部件向处于位置 A 和位置 B 的中间位置时间加速移动, 然后在接近位置 B 的过程中减速移动。

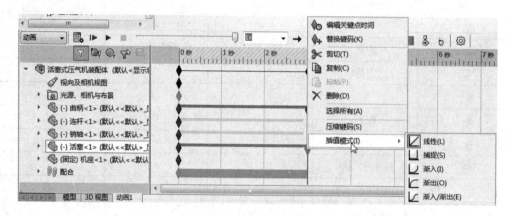

图 6-47　键码点变更形式

6.5.3　从基本运动输入运动的动画制作

　　打开装配模型, 新建运动算例 1, 算例类型选择【基本运动】, 单击【马达】按钮, 选择【旋转马达】, 输入参数(如图 6-48 所示), 单击 ✓。单击 按钮, 生成基本运动动画。【基本运动】中还可以加入弹簧、相触、引力等单元。

图 6-48 基本运动动画制作

6.5.4 视像属性的动画制作

SolidWorks 软件提供的视像属性非常丰富,包括零部件的视向角度、隐藏和显示、透明度、外观的变化,这些视像属性既可以单独动画,也可以随着零部件的运动而同时发生变化。生成视像属性动画的步骤如下:

(1) 切换到动画界面。

(2) 沿时间线拖动时间栏到某一位置,设定动画序列的时间长度。

(3) 改变零部件的视像属性。

6.5.5 基于相机的动画制作

使用基于相机的技术来生成动画,就是通过移动相机来更改相机位置、视野、目标点位置等相机属性,或使用相机视图方向来实现模型运动,其实质是通过相机的运动生成模型视像变化的动画。生成基于相机的动画方法有两种:

(1) 使用键码点设置动画相机属性,操作步骤如下:

① 打开模型并生成新的运动算例。

② 添加相机。

③ 设定好相机相关参数。

④ 拖动时间滑杆，并拖动相机至新位置。

⑤ 生成基于键码点的相机动画。

(2) 通过添加一个辅助零件作为相机橇，并将相机附加到相机橇的草图实体来生成基于相机的动画。操作步骤如下：

① 生成一辅助零件作为相机橇。

② 打开模型，将相机橇插入装配体中，并添加配合。

③ 在动画中的每个时间点重复以下步骤来完成相机橇的路径设定：

· 在时间线中拖动时间栏；

· 在图形区域中将相机橇拖到新位置。

④ 在时间 00：00：00 处，隐藏相机橇。

⑤ 在视向及相机视图键码点处(时间 00：00：00)选择对应的相机视图。

下面以第一种方法为例说明其制作过程。打开图 6-49 所示的运动算例，沿视向及相机视图行，在时间线为 0、1、3、5 秒处放置键码，然后调整模型位置方向。单击 按钮，生成基于相机的动画。

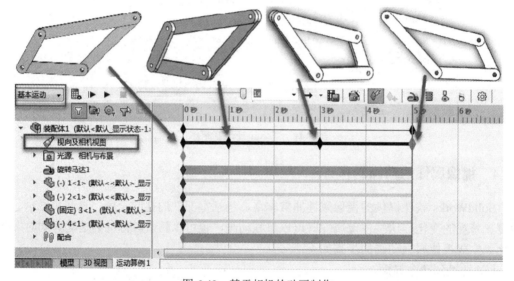

图 6-49　基于相机的动画制作

6.5.6　装配体动态剖切动画制作

虽然利用更改透明度或者隐藏零部件能粗略观测装配体的内部结构，但利用运动管理器能够记录模型即时更新的状态，配合装配体"切除"特征，能够动画显示装配体动态剖切效果，更清晰地显示产品的具体结构。

如图 6-50(a)所示为减速器的装配体，为了建立动态剖切的效果，需要一个辅助零件来控制切除的深度，随着该零件的位置移动，拉伸切除逐渐作用于整个装配体，达到动态切除的视觉效果。其操作过程如下：

(1) 在装配体模型上添加辅助零件(长方体)，对辅助零件添加侧面宽度配合，与装配体上端平行，距离为 131 mm(装配体高度数值)，如图 6-50(b)所示。

(2) 辅助零件平面绘制一个四边形，尺寸覆盖装配体范围。按图 6-50(c)所示作装配体拉伸切除(切除长度为 131 mm)，在【特征范围内】选择不切除的零件，隐藏辅助零件。

(3) 在【距离】行第 6 秒处放置键码，修改装配距离为 0 mm。单击▦按钮，生成动态剖切动画，如图 6-50(d)所示。

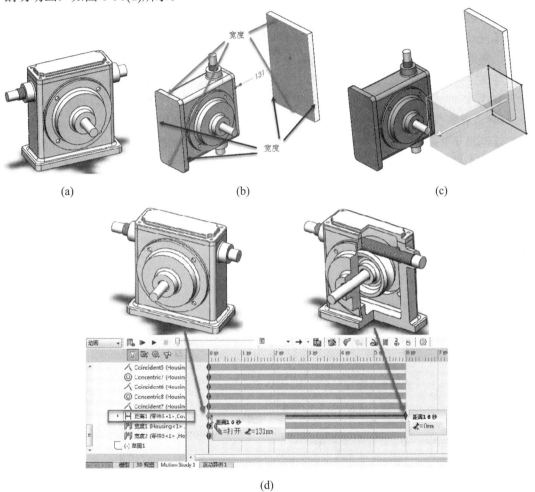

(a) (b) (c)

(d)

图 6-50　动态剖切动画制作

6.6　爆　炸　图

为了便于直观地观察装配体之间零件与零件之间的关系，经常需要分离装配的零部件以形象地分析它们之间的相互关系。装配体的爆炸视图可以分离其中的零部件以便查看这个装配体。

6.6.1　爆炸属性

单击工具栏【爆炸视图】按钮✎，或选择菜单栏中的【插入】|【爆炸视图】命令，出

现如图 6-51 所示的爆炸属性管理器，各项含义如下：

(1) 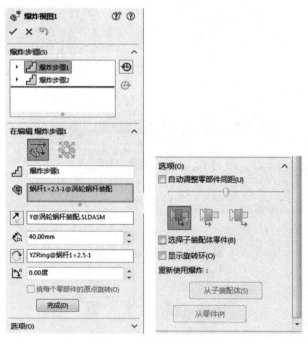(爆炸步骤的零部件)选项：显示当前爆炸步骤所选零部件。

(2) (爆炸方向)选项：显示当前爆炸步骤方向。可单击"反向"按钮。

(3) (爆炸距离)选项：显示当前爆炸步骤零部件移动的距离。

(4) 【选项】面板：

【自动调整零部件间距】复选框：选中该复选框，则沿轴心自动均匀分布零部件组的间距。拖动滑块可自动调整零部件间距。

(边界框中心)：按边界框的中心对自动调整间距的零部件进行排序。

(边界框后部)：按边界框的后部对自动调整间距的零部件进行排序。

(边界框前部)：按边界框的前部对自动调整间距的零部件进行排序。

【选择子装配体零件】复选框：选择此选项可以选择子装配体的单个零部件。清除此选项可以选择整个子装配体。

【显示旋转环】复选框：选择此选项则在图形区域中的三重轴上显示旋转环，使用旋转环来移动零部件。

【重新使用爆炸】：【从子装配体】表示重复使用子装配体爆炸步骤；【从零件】表示重复使用多实体零件的爆炸步骤。

图 6-51　爆炸属性管理器

6.6.2　添加爆炸

对装配体添加爆炸的操作步骤如下：

(1) 打开装配体文件，单击工具栏上的按钮，或选择菜单栏中的【插入】|【爆炸视图】命令，出现属性管理器。

(2) 在属性管理器中，选择一个或多个零部件以将其包含在第一个爆炸步骤中。此时操纵杆出现在图形区域中，在 PropertyManager 设计树中，零部件出现在设定下的爆炸步骤的零部件🔧中。

(3) 将指针移到指向零部件爆炸方向的操纵杆控标上，拖动操纵杆控标来爆炸零部件，爆炸步骤出现在【编辑步骤】栏目中。

(4) 在设定完成的情况下，单击【完成】按钮，清除 PropertyManager 设计树中的内容，为下一爆炸步骤做准备。

(5) 根据需要生成更多爆炸步骤，为每一个零件部件或一组零件部件重复这些步骤，定义每一步骤后单击【完成】按钮。爆炸视图满意时，单击 ✔ 按钮，生成爆炸图，如图 6-52 所示。

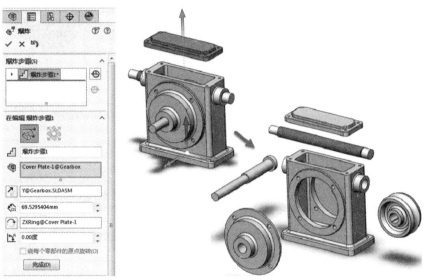

图 6-52　爆炸图

6.6.3　编辑爆炸

对生成的爆炸图进行编辑修改，具体操作步骤如下：

(1) 在设计树中配置选项下，在【爆炸视图 1】项目上单击鼠标右键，在弹出的快捷菜单中选择【编辑特征】，如图 6-53 所示。在【爆炸视图 1】对话框中选择爆炸步骤，爆炸的零部件为绿色高亮显示，出现爆炸方向及控标。

(2) 拖动绿色控标来改变距离参数，直到零部件达到目标位置为止。改变要爆炸的零部件或爆炸方向，单击相对应的方框，然后选择或取消选择项。

(3) 要清除所爆炸的零部件并重新选择，可在图形区域选择该零件后单击鼠标右键，再选择清除选项。

(4) 要撤消对上一个步骤的编辑，可单击【取消】按钮。

(5) 编辑每一个步骤之后，单击【确定】按钮。

(6) 要删除一个爆炸视图的步骤，可在操作步骤下单击鼠标右键，在弹出的快捷菜单中选择【删除】命令。

（7）单击 ✓ 按钮，即可完成爆炸视图的修改。

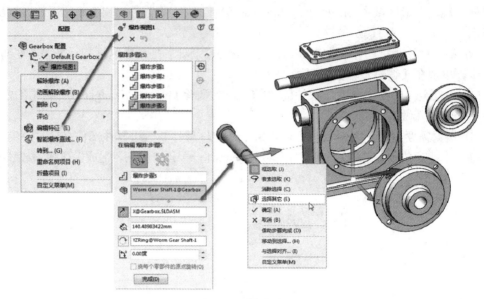

图 6-53　编辑爆炸

6.6.4　解除爆炸

爆炸视图保存在生成它的装配体配置中，每一个装配体配置可以有一个爆炸视图，如果要解除爆炸视图可采用下面的步骤：

在设计树中配置选项下，在【爆炸视图 1】项目上单击右键，在弹出的快捷菜单中选择【解除爆炸】。视图取消爆炸，回到初始状态。

6.6.5　动态爆炸与动态解除爆炸

打开一个已经生成爆炸视图的装配体文件，生成动态爆炸过程的方法如下：

（1）新建运动算例，算例类型选择【动画】，单击动画向导按钮 ，出现如图 6-45 所示的【选择动画类型】对话框，选择【爆炸】，单击【下一步】按钮，出现如图 6-54 所示的【动画控制选项】对话框。

图 6-54　【动画控制选项】对话框

(2) 在时间长度内设定播放动画的时间长度，输入动画开始运动前的延迟时间，单击【完成】按钮。

(3) 在动画向导中动画类型选择【解除爆炸】，其他操作同上面的方法，则可生成装配体解除爆炸的动画，此时的动画控制窗口如图 6-55 所示。

(4) 单击 按钮，可以在装配体视窗中看到爆炸的动态过程。

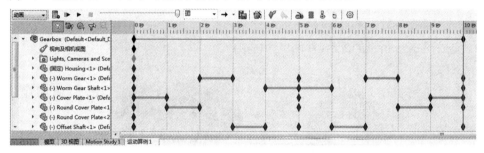

图 6-55　动画控制窗口

6.6.6　保存与播放动画文件

如果想要保存动画文件，可以采用下面的步骤：

(1) 单击视图窗口中的【保存】按钮 ，弹出如图 6-56 所示的【保存动画到文件】对话框。

图 6-56　【保存动画到文件】对话框

(2) 将*.avi 文件保存到合适的目录下。也可以选择保存类型为 bmp 文件。

(3) 单击【保存】按钮，会弹出如图 6-57 所示的【视频压缩】对话框。

图 6-57　【视频压缩】对话框

(4) 在对话框中选择视频压缩程序，单击【确定】按钮，保存动画。

(5) 在 Windows 资源管理器中双击保存的视频文件，利用 Windows 的 MediaPlayer 媒体播放器可以播放装配体的爆炸过程动画。

练 习 题

1. 完成图 6-58 所示的配合(零件尺寸自拟)。

图 6-58　装配体练习 1

2. 完成图 6-59 所示装配体的爆炸图(零件尺寸自拟)。

图 6-59　装配体练习 2

3. 完成图 6-60 所示机构的运动模拟(零件尺寸自拟)。

图 6-60　装配体练习 3

第7章 工 程 图

【本章导读】

本章主要介绍如何利用 SolidWorks 建立工程图,主要包括图纸设定、视图产生、尺寸与配合及注解。通过本章内容的学习,读者应掌握 SolidWorks 建立工程图的方法,能够完成工程图的常规设置。

【本章知识点】

❖ 【工程图】工具栏
❖ 图纸设定
❖ 标准视图及派生视图
❖ 尺寸标注与编辑
❖ 添加注解
❖ 零件标号与明细表

7.1 生 成 工 程 图

SolidWorks 三维模型和装配体可以直接生成工程图,并标注尺寸、表面粗糙度符号及公差配合等;也可以直接使用二维草图工具绘制工程图,而不必考虑所设计的零件模型或装配体,所绘制出的几何实体和参数尺寸一样,可以添加多种几何关系。工程图文件的扩展名为 ".SLDDRW"。生成工程图的具体步骤如下:

(1) 打开一幅零件图文件,这里选择的是如图 7-1 所示的零件图。

图 7-1 零件图

(2) 选择菜单栏中的【文件】|【新建】命令，出现【新建 SOLIDWORKS 文件】对话框，如图 7-2 所示。选择一种图纸格式，然后单击【确定】按钮，此时的窗口如图 7-3 所示。单击⏩(下一步)按钮。

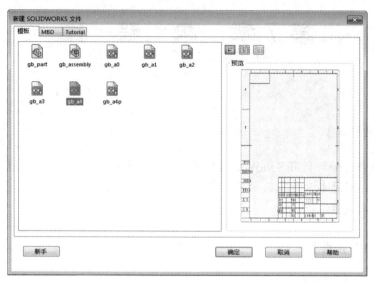

图 7-2　【新建 SOLIDWORKS 文件】对话框

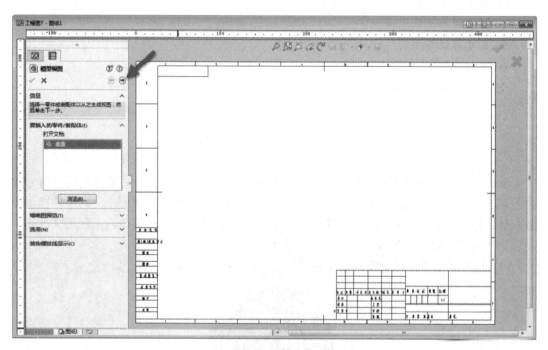

图 7-3　图纸窗口

(3) 如图 7-4 所示，选择【标准视图】中需要的视图，然后单击✔按钮。此时在工程图窗口中便生成了需要的视图。新工程图名称是使用所插入的第一个模型的名称，图纸的比例显示在窗口底部的状态栏中。

(4) 关闭零件图窗口，重新平铺工程图窗口，并保存工程图文件。

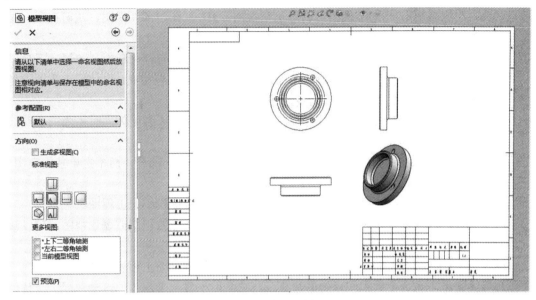

图 7-4　生成视图

7.2　基本工具

7.2.1　【工程图】工具栏

工程图窗口与零件图、装配体窗口基本相同，系统默认在新建工程图的同时打开【工程图】工具栏，如图 7-5 所示。

图 7-5　【工程图】工具栏

各选项含义说明如下：

(1) ⚙(模型视图)：当生成新工程图，或当将一模型视图插入工程图文件中时，会出现【模型视图】PropertyManager 设计树，利用它可以在模型文件中为视图选择一个方向。

(2) 🗒(投影视图)：从现有视图展开的新视图，为正交视图。

(3) 🔷(辅助视图)：辅助视图类似于投影视图，但它是垂直于现有视图中参考边线的展开视图。

(4) ↕(剖面视图)：通过使用剖切线或剖面线切割父视图，可以在工程图中建立剖面视图。剖面视图可以是直切剖面或者是用阶梯剖切线定义的等距剖面。 剖切线还可以包括同心圆弧。

(5) 🔨(移除的剖面)：可以使用已移除剖面工具来沿工程图视图创建切片视图。

(6) Ⓐ(局部视图)：可以在工程图中生成一个局部视图来显示一个视图的某个部分(通

常是以放大比例显示)。此局部视图可以是正交视图、3D 视图、剖面视图、裁剪视图、爆炸装配体视图或另一个局部视图。

(7) ：相对模型视图是一个正交视图(前视、右视、左视、上视、下视以及后视)，由模型中两个直交面或基准面及各自的具体方位的规格定义。可使用该视图类型将工程图中第一个正交视图设定到与默认设置不同的视图。

(8) ：标准三视图选项能为所显示的零件或装配体同时生成三个默认正交视图。主视图与俯视图及侧视图有固定的对齐关系。

(9) ：断开的剖视图为现有工程视图的一部分，而不是单独的视图。闭合的轮廓通常是样条曲线，用来定义断开的剖视图。

(10) ：可以将工程图视图用较大比例显示在较小的工程图纸上。

(11) ：除了局部视图、已用于生成局部视图的视图或爆炸视图，可以裁剪任何工程视图。

(12) ：可以使用交替位置视图工具将一个工程视图精确叠加于另一个工程视图之上。交替位置视图以幻影线显示，它常用于显示装配体的运动范围。交替位置视图拥有下面的特征：

① 可以在基本视图和交替位置视图之间标注尺寸。

② 交替位置视图可以添加到 FeatureManager 设计树中。

③ 在工程图中可以生成多个交替位置视图。

④ 交替位置视图在断开、剖面、局部或裁剪视图中不可用。

7.2.2 【线型】工具栏

【线型】工具栏包括线色、线粗、线型等，右键单击工程图中线条，出现【线型】工具栏，如图 7-6 所示。可以在工程图中改变每一个零部件边线的线型。

图 7-6　【线型】工具栏

(1) ：单击线色按钮，出现【设定下一直线颜色】对话框。可在该对话框的调色板中选择一种颜色。

(2) ：单击线粗按钮，出现线粗菜单，当指针移到菜单中某线时，该线粗细的名称会在状态栏中显示，可在菜单中选择线粗。

(3) ：单击线型按钮，会出现线型菜单，当指针移到菜单中某线条时，该线型名称会在状态栏中显示，使用时可在菜单中选择一种线型。

7.2.3 图层

在工程图文件中可以生成图层，并为每个图层上新生成的实体指定颜色、粗细和线性。新实体会自动添加到激活的图层中，也可以隐藏或显示单个图层，另外还可以将实体从一个图层移到另一个图层。

(1) 可以将尺寸和注解(包括注释、区域剖面线、块、折断线、装饰螺纹线、局部视图图标、剖面线及表格)移到图层上，使用图层指定的颜色。

(2) 草图实体可以使用图层的所有属性。

(3) 可以将零件或装配体工程图中的零部件移到图层。

(4) 如果将.dxf 或.dwg 文件输入·个工程图中，则会自动建立图层。在最初生成.dxf 或.dwg 文件的系统中指定的图层信息(名称、属性和实体位置)将保留。

(5) 如果将带有图层的工程图作为.dxf 或.dwg 文件输出，图层信息将包含在文件中。当在目标系统中打开文件时，实体都位于相同的图层上，并且具有相同的属性，除非将实体重新导向到新的图层。

1. 建立图层

建立图层的操作步骤如下：

(1) 在工程图中右键选择【更改图层】，此时会弹出【更改文档图层】菜单，如图 7-7 所示。单击 出现【图层】对话框，如图 7-8 所示。

图 7-7　【更改文档图层】菜单

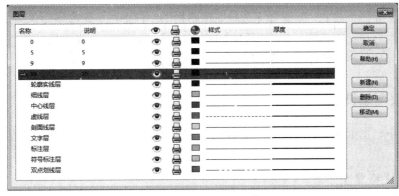

图 7-8　【图层】对话框

(2) 单击【新建】按钮，然后输入新图层的名称。

注意：如果将工程图保存为.dxf 或.dwg 文件，则在.dxf 或.dwg 文件中，图层名称可能发生改变——所有的字符被转换为大写，名称被缩短为 26 字符，名称中的所有空白被转换为底线。

(3) 更改该图层默认图线的颜色、样式或粗细。

 · 颜色：单击颜色下的方框，出现【颜色】对话框，从中选择一种。

 · 样式：单击样式下的直线，从菜单中选择一种线条样式。

 · 厚度：单击厚度下的直线，从菜单中选择线粗。

(4) 单击【确定】按钮，即可新建一个图层。

2. 图层操作

箭头指示的图层为激活图层。如果要激活图层，单击图层左侧，则所添加的新实体将出现在激活图层中。

如果要删除图层，则选择图层名称后单击【删除】按钮，可将其删除。

如果要移动实体到指定图层，则选择工程图中的实体，然后右键选择【更改图层】，即可将其更改到指定图层。

如果要修改图层名称，则单击图层名，然后输入所需的新名称即可。

7.3　图纸格式设定

当打开一幅新的工程图时，必须选择一种图纸格式。图纸格式可以采用标准图纸格式，也可以自定义和修改图纸格式。标准图纸格式包括系统属性和自定义属性的链接。

7.3.1　图纸格式

图纸格式包括图框、标题栏和明细栏，图纸格式有两种类型，具体说明如下。

1. 标准图纸格式

SolidWorks 系统提供了各种标准图纸大小的图纸格式，使用时可以在【新建 SOLIDWORKS 文件】对话框中选择一种。

2. 无图纸格式

可以定义无图纸格式，即选择无边框、标题栏的空白图纸，此选项要求指定纸张大小，也可以定义用户自己的格式。在图形区域中用右键单击，然后选择属性。若想保存一图纸格式，则选择菜单栏中的【文件】|【保存图纸格式】命令。

7.3.2　修改图纸设定

纸张大小、图纸格式、绘图比例、投影类型等图纸细节可以随时在图纸设定对话框中更改。

1. 修改图纸属性

右击工程图图纸的空白区域，然后从快捷菜单中选择【属性】命令，将出现如图 7-9

所示的【图纸属性】对话框。下面介绍各选项的含义。

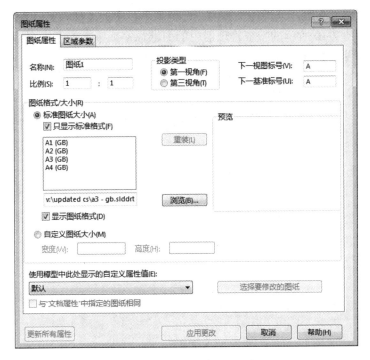

图 7-9 【图纸属性】对话框

1) 基本选项

【名称】选项：激活图纸的名称，可按需要编辑名称，默认为图纸 1、图纸 2、图纸 3 等。

【比例】选项：为图纸设定比例。此处比例是指图中图形与其实物相应要素的线性尺寸之比。

【投影类型】选项：为标准三视图投影，选择第一视角或第三视角，国内常用的是第三视角。

【下一视图标号】选项：指定将使用在下一个剖面视图或局部视图的字母。

【下一基准标号】选项：指定要用作下一个基准特征符号的英文字母。

2) 【图纸格式/大小】选项

【标准图纸大小】选项：选择一标准图纸大小，或单击【浏览】按钮找出自定义图纸格式文件。

【重装】按钮：如果对图纸格式作了更改，可单击以返回到默认格式。

【显示图纸格式】选项：显示边界、标题块等。

【自定义图纸大小】选项：指定一宽度和高度。

3) 【使用模型中此处显示的自定义属性值】选项

如果图纸上显示一个以上模型，且工程图包含链接到模型自定义属性的注释，则选择包含想使用的属性的模型之视图。如果没有另外指定，将使用插入到图纸的第一个视图中的模型属性。

2. 设定多张工程图纸

在工程图中添加图纸，其操作步骤为：选择菜单栏中的【插入】|【图纸】命令，或用鼠标右键单击如图 7-10 所示的特征管理器中的图纸标签或下方的图纸图标，然后从快捷菜单中选择【添加图纸】命令。

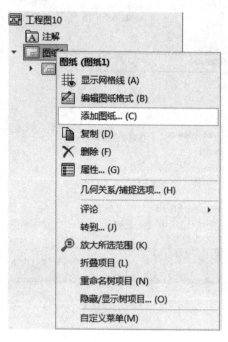

图 7-10　添加图纸

3. 激活图纸

如果想要激活图纸，可以右击单击特征管理器中的图纸标签或图纸图标，然后从弹出的菜单中选择【激活图纸】命令。

4. 删除图纸

(1) 用鼠标右键单击特征管理器中要删除图纸的标签或图纸图标，然后选择【删除】命令。要删除激活图纸还可以右击图纸区域任何位置，选择【删除】命令。

(2) 在出现的【删除确认】对话框中单击【是】按钮，即可删除图纸。

7.4　标准视图及派生视图

SolidWorks 中由模型建立的视图称为标准工程视图，包括标准三视图和命名视图。由现有视图建立的视图称为派生工程视图，包括投影视图、辅助视图、局部视图、剖面视图、断裂视图、相对视图和剪裁视图等。

7.4.1　标准三视图

标准三视图命令将产生零件的三个默认正交视图，其主视图的投射方向为零件或装配体的前视，投影类型按前面章节中修改图纸设定中选定的第一视角或第三视角投影法。

生成标准三视图的方法有标准方法、从文件中生成和拖放生成三种，下面分别介绍之。

1. 标准方法

利用标准方法生成标准三视图的操作步骤如下：

(1) 打开零件或装配体文件，或打开含有所需模型视图的工程图文件。

(2) 新建工程图文件，并指定所需的图纸格式。

(3) 单击工具栏上的 (标准三视图)按钮，或选择菜单栏中的【插入】|【工程视图】|【标准三视图】命令，指针变为 形状。

(4) 选择模型。选择方法有如下三种：

① 当打开零件图文件时，生成零件工程图，可单击零件的一个面或图形区域中任何位置，也可以单击设计树中的零件名称。

② 当打开装配体文件时，如要生成装配体视图，可单击图形区域中的空白区域，也可以单击设计树中的装配体名称。如要生成装配体零部件视图，可单击零件的面或在设计树中单击单个零件或子装配体的名称。

③ 当打开包含模型的工程图时，可在设计树中单击视图名称或在工程图中单击视图。

(5) 出现工程图窗口，并且出现标准三视图。

2. 从文件中生成

可以使用插入文件法来建立三维视图，这样就可以在不打开模型文件时，直接生成三视图，具体操作步骤如下：

(1) 单击"工程图"工具栏上的 (标准三视图)按钮，出现如图 7-11 所示的【模型视图】属性管理器，单击【浏览】按钮，弹出【打开】对话框。

(2) 在【打开】对话框中，选择文件位置，并选择要插入的模型文件，然后单击【打开】按钮即可。

图 7-11　【模型视图】属性管理器

3. 拖放生成

利用拖放的方法生成标准三视图，其操作步骤如下：

(1) 新建工程图文件，并选择合适的图纸格式。

(2) 用下列方法插入模型：

① 打开资源管理器，浏览到所需的零件、装配体文件，选中并拖放到工程图窗口中。

② 当打开零件、装配体文件时，可从特征管理器顶部将文件名称放到工程图窗口。

7.4.2　投影视图

投影视图是根据已有视图，通过正交投影生成的视图。投影视图的投影法，可在图纸设定对话框中指定使用第一角或第三角投影法。

如果想要生成投影视图，则其操作步骤如下：

(1) 在打开的工程图中选择要生成投影视图的现有视图。

(2) 单击工具栏上的(投影视图)按钮，或选择菜单栏中的【插入】|【工程视图】|【投影视图】命令，此时会出现如图 7-12 所示的【投影视图】对话框，单击投影要用的视图，出现【投影视图】属性管理器，如图 7-13 所示。

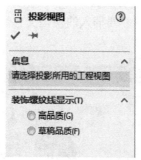

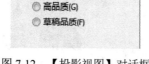

图 7-12　【投影视图】对话框　　　　图 7-13　【投影视图】属性管理器

【投影视图】属性管理器各选项含义如下：

① 【箭头】复选框：选择该复选框以显示表示投影方向的视图箭头。

② 【显示样式】栏：

【使用父关系样式】复选框：选择该复选框可以消除选择，以选取与父视图不同的样式和品质设定。

显示方式包括：(线架图)、(隐藏线可见)、(消除隐藏线)、(边线上色)、(上色)。

(3) 根据需要在设计树中的【比例】面板设置视图的相关比例，如图 7-14 所示。

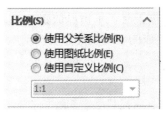

图 7-14 【比例】面板

【比例】面板中各选项的含义如下：

【使用父关系比例】选项：选择该选项可以应用为父视图所使用的相同比例。如果更改父视图的比例，则所有使用父视图比例的子视图比例将更新。

【使用图纸比例】选项：选择该选项可以应用为工程图图纸所使用的相同比例。

【使用自定义比例】选项：选择该选项可以应用自定义的比例。

(4) 设置完相关参数之后，如要选择投影的方向，则将指针移动到所选视图的相应一侧。当移动指针时，可以自动控制视图的对齐。

(5) 当指针放在被选视图左边、右边、上面或下面时，得到不同的投影视图。按所需投影方向，将指针移到合适位置处单击，生成投影视图，如图 7-15 所示。

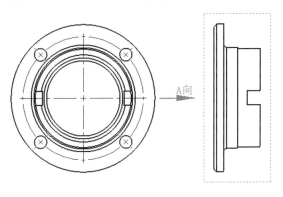

图 7-15 投影视图

7.4.3 辅助视图

辅助视图的用途相当于机械制图中的斜视图，用来表达机件的倾斜结构。辅助视图类似于投影视图，是垂直于现有视图中参考边线的正投影视图，但参考边线不能水平或竖直，否则生成的就是投影视图。

1. 生成辅助视图

生成辅助视图操作步骤如下：

(1) 选择非水平或竖直的参考边线。参考边线可以是零件的边线、侧影轮廓线(转向轮廓线)、轴线或所绘制的直线。如果绘制直线，应先激活工程视图。

(2) 单击"工程图"工具栏上的 (辅助视图)按钮，或选择菜单栏中的【插入】|【工程视图】|【辅助视图】命令，此时会出现如图 7-16(a)所示的【辅助视图】对话框及图 7-16(b)所示的属性管理器。

(3) 相关参数的设置方法及其内容与投影视图相同。

(4) 移动指针，当处于所需位置时，单击以放置视图。如有必要，可编辑视图标号并更改视图的方向。图 7-16(c)为生成的辅助视图。

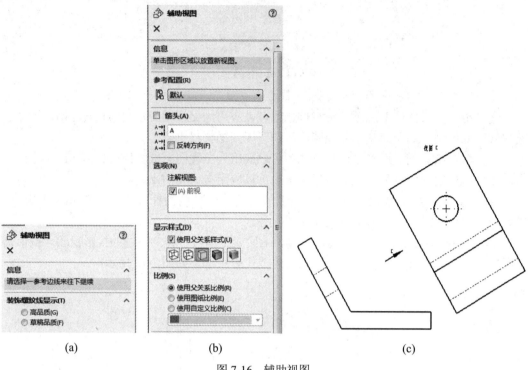

　　　　　(a)　　　　　　　　　　　　　(b)　　　　　　　　　　　　　(c)

图 7-16　辅助视图

2. 旋转视图

通过旋转视图，可以将视图绕其中心点转动任意角度。

生成旋转视图的操作步骤如下：

(1) 如图 7-17 所示，右键单击选定的视图，在弹出的菜单中选择【缩放/平移/旋转】，单击 C (旋转视图)按钮，会出现【旋转工程视图】对话框。

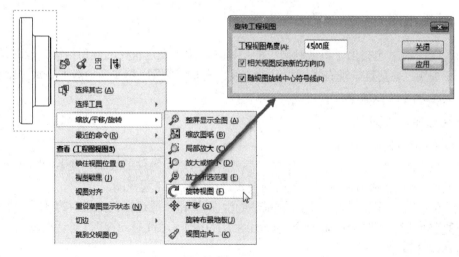

图 7-17　【旋转工程视图】对话框

(2) 单击并拖动视图，在对话框中将出现视图转动的角度。转动视图以 45.00 度的增量捕捉。同时也可以在工程视图角度方框中输入旋转角度。

(3) 单击【应用】按钮，然后关闭对话框，如图 7-18 所示为旋转前后的工程视图对比。

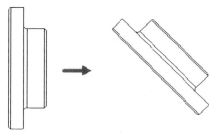

图 7-18　旋转工程视图

7.4.4　局部视图

在实际应用中可以在工程图中生成一种视图来显示一个视图的某个部分，局部视图就是用来显示现有视图某一局部形状的视图，通常是以放大比例显示的。

局部视图可以是正交视图、3D 视图、剖面视图、裁剪视图、爆炸装配体视图或另一局部视图。其操作步骤如下：

(1) 在工程视图中激活现有视图，在要放大的区域，用草图绘制实体工具绘制一个封闭轮廓。

(2) 选择放大轮廓的草图实体。

(3) 单击"工程图"工具栏上的◯A(局部视图)按钮，或选择菜单栏中的【插入】|【工程视图】|【局部视图】命令，此时会出现【局部视图】属性管理器，如图 7-19 所示。

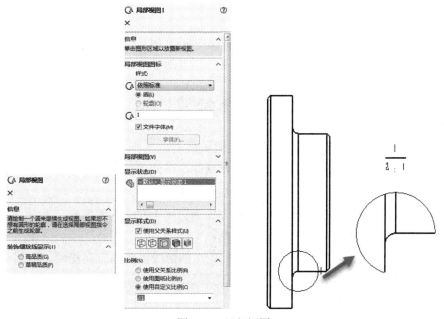

图 7-19　局部视图

【局部视图】属性管理器各选项含义如下:

(样式)选项: 选择一种显示样式, 然后选择圆或轮廓。依据标准意味着局部圆的样式由当前标绘标准所决定。

(标号)选项: 编辑与局部圆或局部视图相关的字母。系统默认会按照注释视图的字母顺序依次以 A、B、C…进行流水编号。

【字体】按钮: 为局部圆标号选择文件字体以外的字体。

(4) 在工程视图中移动指针, 显示视图的预览框。当视图位于所需位置时, 单击以放置视图。最终生成的局部视图如图 7-19 所示。

注意: 不能在透视图中生成模型的局部视图。

7.4.5　剖面视图

剖面视图用来表达机件的内部结构。生成剖面视图必须先在工程视图中绘出适当的剖切路径, 在执行剖面视图命令时, 系统依照指定的剖切路径产生对应的剖面视图。所绘制的路径可以是一条直线段、相互平行的线段, 还可以是圆弧。

1. 剖面视图

生成剖面视图的操作步骤如下:

(1) 单击"工程图"工具栏上的 (剖面视图)按钮, 或选择菜单栏中的【插入】|【工程视图】|【剖面视图】命令, 此时会出现如图 7-20(a)、(b)所示的【剖面视图辅助】对话框。选择【切割线】, 视图上定位后出现如图 7-20(c)所示的【剖面视图】属性管理器。

【剖面视图】属性管理器各选项含义如下:

① 【切割线】栏:

【反转方向】按钮: 选择切除的方向。

(标号)选项: 编辑与剖面线或剖面视图相关的字母。

【字体】按钮: 为剖面线标号选择文件字体以外的字体。

② 【剖面视图】栏:

【部分剖面】复选框: 如果剖面线没完全穿过整个视图, 则生成一受剖面线长度限制的剖面视图。

【横截剖面】复选框: 只显示被剖切线切除的面。

【自动加剖面线】复选框: 剖面线样式在装配体中的零部件之间交替, 或在多实体零件的实体和焊件之间交替。剖面线样式在剖切装配体时轮换。

【缩放剖面线图样比例】复选框: 将视图比例应用于视图内的填充。

【强调轮廓】复选框: 强调切除面的轮廓。

(2) 移动指针, 显示视图的预览, 而且只能沿剖切线箭头的方向移动。当预览视图位于所需的位置时, 单击以放置视图, 如图 7-21 所示。

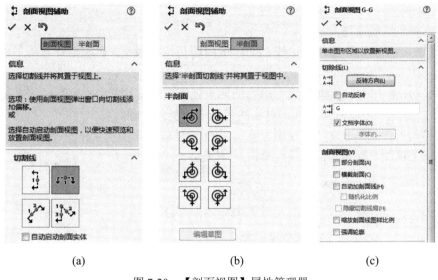

(a)　　　　　　　　　　　　　(b)　　　　　　　　　　　　　(c)

图 7-20　【剖面视图】属性管理器

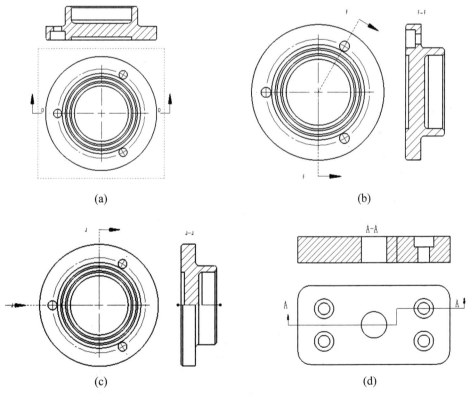

(a)　　　　　　　　　　　　　　　　　　　　　(b)

(c)　　　　　　　　　　　　　　　　　　　　　(d)

图 7-21　剖面视图

2. 移除剖面视图

(1) 在工程图中选择一个视图。

(2) 单击工具栏上的移除剖面按钮，弹出属性管理器，如图 7-22 所示。

(3) 在工程图视图中选择两条边线。边线必须是相对或部分相对的几何体，可在两者之间剪切实体。

(4) 选择剪切线放置方法：

① 自动：显示相对的模型边线之间区域内剪切线的预览。移动指针并单击以放置剪切线。

② 手动：在相对的模型边线上选择的两点之间定位剪切线。将鼠标悬停在剪切线的一端附近，然后单击以将其放置。对线的另一端重复此步骤。

(5) 移动指针并单击来放置视图。

(6) 指定属性管理器其他选项，单击 ✔ 按钮。

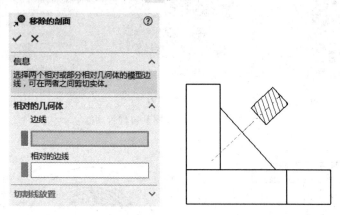

图 7-22　移除剖面视图

3. 断开的剖视图

1) 生成断开的剖视图

(1) 单击工程图工具栏上的断开的剖视图按钮，或单击【插入】|【工程图视图】|【断开的剖视图】命令，指针变为。如果想要样条曲线以外的轮廓，则在单击断开的剖视图工具以前生成并选择一闭合轮廓。

(2) 绘制一轮廓，在剖面视图对话框中设定选项。如果不想从断开的剖视图中排除零部件或扣件，则单击 ✔ 按钮。

(3) 在属性管理器中设定选项，单击 ✔ 按钮，如图 7-23 所示。

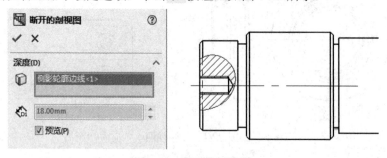

图 7-23　断开的剖视图

2) 编辑或删除断开的剖视图

在设计树中用右键单击断开的剖视图，如图 7-24 所示，然后根据需要在菜单中选取下面的命令：

【编辑定义】：在属性管理器中设定选项，然后单击 ✔ 按钮。

【编辑草图】：选取草图实体并进行编辑，然后关闭草图。

【删除】：删除断开的剖视图。

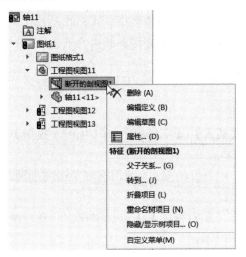

图 7-24　编辑或删除断开的剖视图

7.4.6　断裂视图

对于较长的机件(如轴、杆、型材等)沿长度方向的形状一致或按一定规律变化时，可用断裂视图命令将其断开后缩短绘制，而与断裂区域相关的参考尺寸和模型尺寸反映实际的模型数值。生成断裂视图的操作步骤如下：

(1) 选择菜单栏中的【插入】|【工程视图】|【断裂视图】命令，出现属性管理器。

(2) 设定切除方向、缝隙大小、拖动断裂线到所需位置。

(3) 单击 ✔ 按钮，此时出现断裂视图，如图 7-25 所示。

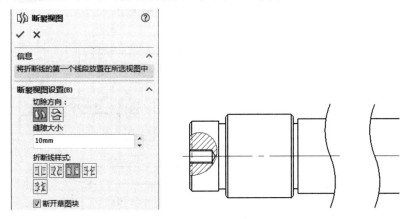

图 7-25　生成的断裂视图

编辑断裂视图，可以单击折断线，根据需要进行以下操作：

• 要改变折断线的形状，可从属性管理器中选择一种样式。

• 要改变断裂的位置，拖动折断线即可。

· 要改变折断间距的宽度，输入新数值即可。

7.4.7　相对视图与剪裁视图

相对视图可以自行定义主视图，能清楚地表达形状结构，解决了零件图视图定向与工程图投射方向的矛盾。剪裁视图可以对视图形状进行剪裁，可以清楚、突出地表达指定结构，忽略无关的信息显示。

1. 相对视图

生成相对视图操作步骤如下：

(1) 选择菜单栏中的【插入】|【工程视图】|【相对于模型】命令，会出现如图 7-26(a) 所示的【相对视图】对话框。

(2) 转换到在另一窗口中打开的模型，或用右键单击图形区域，然后在菜单中选择【从文件插入】命令来打开模型。

(3) 单击模型的面，在【相对视图】中选择前视、右视。两次选择的面应互相垂直，单击 ✔ 按钮，如图 7-26(b)所示。

(4) 在工程图窗口，将视图预览移动到所需位置，单击以放置视图，生成相对视图，如图 7-26(c)所示。

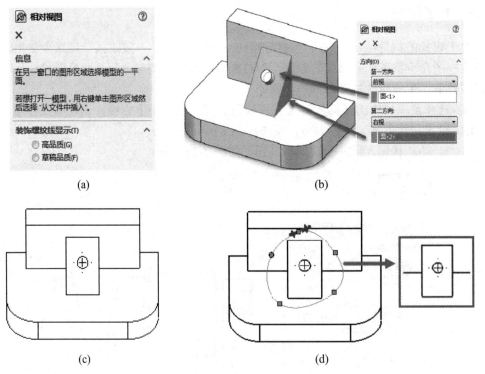

图 7-26　相对视图与剪裁视图

2. 剪裁视图

生成剪裁视图的操作步骤如下：

(1) 在视图上画一个封闭的轮廓，可以是圆、矩形、样条曲线等，以画封闭曲线作为示例，单击【草图】工具栏上的【样条曲线】按钮，在视图上画封闭轮廓，如图 7-26(d)所示。

(2) 单击工具栏上的![按钮]按钮，实现剪裁视图。要对剪裁视图进行修改，则右键单击剪裁视图所在的视图，在快捷菜单中选择【编辑剪裁视图】命令可对原来草图中绘制的轮廓线进行更改，选择【删除剪裁视图】命令则删除剪裁视图。

7.5　尺寸标注与编辑

在工程图中标注尺寸，一般先将生成每个零件特征时的尺寸插入到各个工程视图中，然后通过编辑、添加尺寸，使标注的尺寸完整、合理。

添加到工程图文件中的尺寸属于参考尺寸，并且是从动尺寸，不能通过编辑参考尺寸的数值来更改模型。当模型的标注尺寸更改时，参考尺寸值也会更改。

1. 插入尺寸

在完成工程图视图之后，需要将模型尺寸插入到工程视图中，操作步骤如下：

(1) 选择菜单栏中的【插入】|【模型项目】命令，会出现如图 7-27 所示的【模型项目】属性管理器。

(2) 在模型项目属性管理器中设置好【尺寸】【注解】和【参考几何体】等项目，单击 ✔ 按钮。

(3) 这时工程图中的尺寸比较凌乱，可以结合手工标注来整理、修改尺寸。

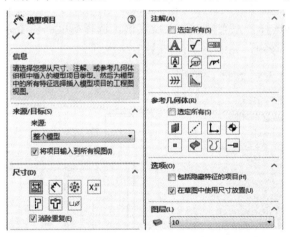

图 7-27　【模型项目】属性管理器

下面介绍【模型项目】属性管理器各选项的含义。

1) 【来源/目标】栏

【整个模型】选项：该选项表示插入整个模型的模型项目。

【所选特征】选项：该选项表示插入图形区域中所选特征的模型项目。

2) 【尺寸】栏

【尺寸】栏主要包括、、![图标](实例/圈数计数)、$\mathbf{X}_{.x}^{.xx}$(公

差尺寸)、、、。

【消除重复】复选框：仅插入唯一的模型项目，不插入重复项目。

3) 【注解】栏

【选定所有】复选框：插入存在的以下模型项目，否则根据需要选择个别项目。其主要包括、、、、、、、。

4) 【参考几何体】栏

【选择所有】复选框：插入存在的以下模型项目，否则根据需要选择个别项目。其主要包括、、、、、、、。

5) 【选项】栏

【包括隐藏特征的项目】复选框：选择该复选框表示插入隐藏特征的模型项目。清除此选项以防止插入属于隐藏模型项目的注解。过滤隐藏模型项目时将会降低系统性能。

【在草图中使用尺寸放置】复选框：选择该复选框表示将模型尺寸从零件中插入到工程图的相同位置。

6) 【图层】栏

利用【图层】栏可以将模型项目插入到指定的工程图图层。

2. 尺寸公差与精度

尺寸标注后需要添加相应的公差及精度设定。单击尺寸，出现【尺寸】属性管理器，在【公差/精度】栏下选择公差类型，输入设定值，选择精度；在【标注尺寸文字】栏输入符号及说明，单击 ✓ 按钮，完成设定，如图 7-28 所示。

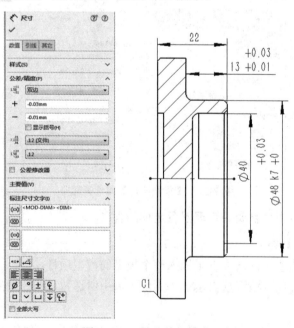

图 7-28　尺寸公差与精度

3. 移动及复制尺寸

尺寸标注后可在视图中移动它们或将它们移动到其他视图中。当尺寸从一个位置拖动到另一个位置时，尺寸会重新附加到模型上。移动及复制尺寸可以将尺寸移动或复制到适合该尺寸的视图中。其具体方法如下：

(1) 如要在视图中移动尺寸，直接将该尺寸拖动到新位置即可。

(2) 如要将尺寸从一个视图移动到另一个视图中，在将尺寸拖到其他视图时按住 Shift 键即可。

(3) 如要将尺寸从一个视图复制到另一视图中，在将尺寸拖到其他视图时按住 Ctrl 键即可。

(4) 如要一次移动或复制多个尺寸，在选择时按住 Ctrl 键即可。

4. 对齐尺寸

1) 共线/对齐

在工程视图中，对齐并组合所选线性、径向或角度工程图尺寸是经常用到的。应用【共线/对齐】命令时所选尺寸必须为同一类型。

【共线/对齐】命令使所选线性、径向或角度工程图尺寸对齐，并合成组。如果要对齐并组合要共线尺寸，则其操作步骤如下：

(1) 在工程图视图中，按住 Ctrl 选择一组同一类型的尺寸，也可以借助按住鼠标左键，在尺寸周围拖动出一个矩形选框来选择一组尺寸。

(2) 在【对齐】工具栏上单击 (共线/对齐)按钮，或选择菜单栏中的【工具】|【标注尺寸】|【共线/对齐】命令。

(3) 此时所选尺寸排列在一条直线上，它们被组合为组，并在拖动时保持直线排列。

2) 均匀等距

在工程视图中，以相同的间距将所选直线、半径或角度尺寸加以对齐并合成组。如果要均匀等距尺寸，则其操作步骤如下：

(1) 在工程图视图中，按住 Ctrl 键选择一组同一类型的尺寸。同时可以借助按住鼠标并在尺寸周围拖动出一个矩形选框来选择一组尺寸。

(2) 在【对齐】工具栏上单击 (均匀等距)按钮，或选择菜单栏中的【工具】|【标注尺寸】|【均匀等距】命令。

(3) 排列的尺寸将带有间距相等的平行箭头。同时这些尺寸分成一组，当移动时会保持平行等间距。

3) 识别对齐组成员

想要识别对齐组的成员，首先用右键单击要了解的尺寸，然后采用下面的操作方法：

(1) 如果所选尺寸是对齐组的成员，则可以选择【显示对齐】命令，该群组中的所有其他成员上会显示一个蓝点。

(2) 如果所选尺寸不是对齐组成员，则【显示对齐】项目不会出现在快捷键菜单中。

4) 解除对齐尺寸组

想要解除对齐的尺寸组，首先用右键单击要解除组的尺寸，然后采用下面的操作方法：

用右键单击要解除组的尺寸，然后选择【解除对齐关系】命令，所选尺寸将从组中分离出来，可以自由地移动，其他组中的尺寸仍然保持连接。

要解除整个组的对齐，首先选择组中的所有成员，然后用右键单击其中一个成员并选择【解除对齐关系】命令。

5. 倾斜尺寸界线

当用鼠标选择尺寸时，尺寸会显示控标，拖动最靠近箭头的延伸线端点上的控标即可倾斜尺寸界线。具体操作步骤如下：

(1) 单击鼠标左键，选中要倾斜显示的尺寸界线。

(2) 将鼠标移动到尺寸箭头的控点上，当指针出现 形状时，拖动尺寸界线至所需的倾斜位置。

(3) 松开鼠标，即可完成尺寸的倾斜。

(4) 如要将尺寸恢复为原始位置，则右击该尺寸，从快捷菜单中选择【显示选项】|【删除倾斜】命令即可。

倾斜显示尺寸界线的过程如图 7-29(a)所示。

6. 编辑尺寸文字与箭头

尺寸编辑及文字设定可以采用如下方法：

(1) 将尺寸文字置于延伸线中间的方法。

① 用右键单击尺寸(线性、径向或角度)，然后选择【显示选项】|【尺寸置中】命令。

② 如果文字在延伸线内(或在半径或直径尺寸中，文字位于圆内)，则它会捕捉中间位置并锁定于延伸线之间。如果文字在延伸线外部，则它将继续保持位于外部。

③ 如要解除文字位置的锁定，则用右键单击该尺寸，然后再次选择尺寸置中以切换此选项。也可以选择【等距文字】，使文字等距尺寸线。

(2) 修改尺寸箭头的步骤。

① 将鼠标移动到选中尺寸的箭头位置，此时鼠标变为 形状。

② 单击箭头，即可将尺寸箭头变向，如图 7-29(b)所示。

③ 选中尺寸后，在【尺寸】属性管理器中的【引线】选项下可修改箭头样式。

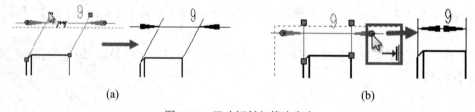

(a)　　　　　　　　　　　　　　(b)

图 7-29　尺寸倾斜与箭头变向

7.6　注　　解

生成工程图之后，要对工程图添加相关的注解。图纸除了具有尺寸标注之外，还应包括与图纸相配合的技术指标等注解，如形位公差、表面粗糙度和技术要求等。在 SolidWorks

文件中，既可以在零件文件中添加注解，也可以在装配体文件中添加注解。在零件和装配体文件中添加注解之后，可以利用模型项目工具将其插入到工程图中，或者直接在工程图中生成注解。工程图【注解】工具栏如图 7-30 所示。

图 7-30 【注解】工具栏

7.6.1 设定注解选项

添加注解前，首先设定注解选项，操作步骤如下：

(1) 选择菜单栏中的【工具】|【选项】命令，弹出【文档属性】对话框。

(2) 在【文档属性】对话框中选择【文档属性】标签。

(3) 选择【注解】选项，出现如图 7-31 所示的【文档属性-注解】对话框。

(4) 【文档属性-注解】对话框中包括零件序号、基准点、形位公差、表面粗糙度、注释、焊接符号等项目。根据需要设定好各选项，单击【确定】按钮，完成注解设置。

图 7-31 【文档属性-注解】对话框

7.6.2 注释

在文档中，注释可自由浮动或固定，也可带有一条指向某项(面、边线或顶点)的引线。注释可以包含简单的文字、符号、参数文字或超文本链接。引线可能是直线、折弯线或多转折引线。

1. 注释属性

单击工程图【注解】选项下的**A**按钮，或者选择【插入】|【注解】|【注释】命令，还可以在工程图区域右击，从快捷键菜单中选择【注解】|【注释】命令，出现如图 7-32 所

示的【注释】属性管理器。

图 7-32　【注释】属性管理器

下面介绍【注释】属性管理器中各选项的含义。

1)【样式】选项

注释的样式有两种常用的类型:

(1) 带文字:如果在注释中键入文本并将其另存为常用注释,则该文本便会随注释属性保存。当生成新注释时,选择该常用注释并将注释放在图形区域中,注释便会与该文本一起出现。

(2) 不带文字:如果生成不带文本的注释并将其另存为常用注释,则只保存注释属性。

【样式】选项有以下 5 个工具按钮:

按钮:该选项按钮表示将默认类型应用到所选注释。

按钮:该选项按钮表示将常用样式添加到文件中。

按钮:该选项按钮表示将常用样式删除。

按钮:该选项按钮表示保存一常用样式。

按钮:该选项按钮表示装入常用样式。

2)【文字格式】选项

文字对齐格式:左对齐，将文字往左对齐;居中，将文字往中间对齐;右对齐，将文字往右对齐;套合文字，单击以压缩或扩展选定的文本。

(角度):输入角度数值旋转注释,逆时针为正。

(插入超文本链接):给注释添加超文本链接,整个注释成为超文本链接。

(连接到属性):单击该选项按钮表示将注释连接到文件属性。

(添加符号):单击该选项按钮访问符号库,将指针放置在想使用的符号上,符号出现在注释文本框中,单击即可添加该符号。

(锁定/解除锁定注释):将注释固定到位,当编辑注释时,可以调整边界框,但不能移动注释本身。

(形位公差):在注释中插入形位公差符号。

√(表面粗糙度符号)：在注释中插入表面粗糙度符号。

Ⓐ(基准特征)：在注释中插入基准特征符号。

◺(添加区域)：将区域信息插入到文字中。

▦(标识注解库)：在带标识注解库的工程图中，将标识注解插入到注释中。

▦(链接表格单元格)：链接注释到任何材料明细表或孔表格单元格的内容。

▭(插入 DimXpert 常规轮廓公差)：插入全部常规轮廓公差特征控制框。

【使用文档字体】复选框：当选择该复选框时，文字使用在【工具】|【选项】|【文件属性】|【注释】中指定的字体。

【字体】按钮：当未选择【使用文档字体】选项时，单击【字体】按钮可以打开选择字体对话框，然后选择一新的字体样式、大小及效果。

3) 【引线】选项

该选项用来定义注释箭头和引线类型，具体见表 7-1。

表 7-1 引线类型

标号	名 称	说 明
✔	引线	从注释生成到工程图的简单引线
↗	多转折引线	从注释生成到工程图的具有一个或多个折弯的引线
S^x	样条曲线引线	从注释生成到工程图的简单引线。选择注释并拖动控制顶点修改样条曲线引线
⊘	无引线	
★	自动引线	如果选取诸如模型或草图边线之类的实体，则自动插入引线
↗	引线靠左	从注释的左侧开始
↘	引线向右	从注释的右侧开始
★	引线最近	选择从注释的左侧或右侧开始，取决于哪一侧最近
↗^{x}	直引线	
↗^{x}	弯引线	
↗^{x}	下划线引线	
◢	在上部附加引线	在多行注释中，附加引线到注释上端
◢	在中央附加引线	在多行注释中，附加引线到注释中央
◢	在底部附加引线	在多行注释中，附加引线到注释底端
★	最近端附加引线	在多行注释中，左引线附加到注释上端，右引线附加到注释底端

【引线】选项下其他选项如下：

【至边界框】复选框：选择以定位边界框而非注释内容的引线。与注释相关的引线根据边界框的尺寸而非文本垂直对齐。

箭头样式列表：选择箭头样式。

【应用到所有】复选框：选择该选项将更改应用到所选注释的所有箭头。如果所选注释有多条引线，而自动引线未选中，则可以为每个单独引线使用不同的箭头样式。

4) 【引线样式】选项

【使用文档显示】复选框：选中该复选框，使用【文档属性】|【注释】中所配置的样式和线粗。未选中则需设置引线样式▤或粗细▤。

5) 【边界】选项

该选项用来指定文字边框形状及大小，在样式清单中指定一种，然后在大小清单中指定文字是否紧密配合，或固定大小来容纳一个指定的字符数量。

6) 【参数】选项

该选项用来注释坐标。

7) 【图层】选项

该选项用来注释所在图层。

2. 生成注释

如果要生成注释，则其操作步骤如下：

(1) 单击【注解】工具栏中的**A**(注释)按钮，在出现的【注释】属性管理器中设定相应选项。

(2) 用鼠标在绘图区适当位置拖动即生成文字输入框，在文字输入框中输入相应的文字。

(3) 保持该设计树/开，重复以上步骤生成所需数量的注释。

欲添加多条引线，在拖动注释时并在放置之前按住 Ctrl 键，注释停止移动，第二条引线即会出现。按住 Ctrl 键的同时，单击以放置引线。

若想更改有项目符号或编号的列表的缩进，在处于编辑模式时用右键单击注释并在快捷菜单中选择项目符号和编号进行设置。

(4) 单击✔按钮，即可完成生成注释的操作。

3. 编辑注释

(1) 编辑注释主要有下面几种方法：

① 移动注释：指针指向注释，当出现形状⬆A时，拖动注释到新的位置。

② 复制注释：选择注释，在拖动注释的同时，按住 Ctrl 键即可复制注释。

③ 如果要编辑注释中的属性，可以右键单击注释，从快捷键菜单中选择属性，即可在【注释】对话框中修改各选项。

(2) 如果要将注释修改成多引线注释，则其操作步骤如下：

① 选择注释，这时会在注释上出现拖动控标。

② 指针指向引线箭头，变成⬆形状时，在拖动引线时按住 Ctrl 键，当预览引线处在所需位置时释放 Ctrl 键，完成引线复制。

(3) 对齐注释，其操作步骤为：右键选择需对齐的所有注释，出现快捷菜单，单击【对齐】命令，再选择对应命令。

7.6.3　中心符号线与中心线

工程图中的圆或圆弧上经常需要将中心符号线放置在其中心上。中心符号线作为尺寸标注的参考体。对称中心部分则需要放置中心线。

1. 中心符号线

单击【注解】工具栏上的⊕(中心符号线)按钮，或者选择菜单栏中的【插入】|【注解】|【中心符号线】命令，右键单击图形区域，从快捷菜单中选择【注解】|【中心符号线】命令，出现中心符号线，指针变为形状，同时会出现如图 7-33 所示的【中心符号线】属性管理器。

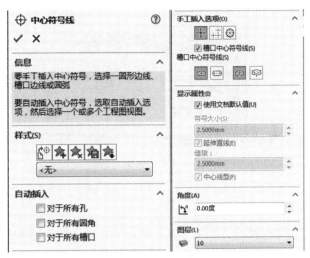

图 7-33 【中心符号线】属性管理器

【中心符号线】属性管理器各选项说明如下：

(1) 【样式】选项：同【注释】属性管理器中的【样式】选项。

(2) 【自动插入】选项：包括对于所有孔、对于所有圆角和对于所有槽口三个选项。

(3) 【手工插入选项】选项：设置中心符号线的类型。其中各选项的含义如下：

┼(单一中心符号线)：利用该选项可以将中心符号线插入到单一圆或圆弧。它可以用来更改中心符号线的显示属性及旋转角度。

(线性中心符号线)：将中心符号线插入到圆或圆弧的线性阵列。它可以为线性阵列选择连接线和显示属性。

⊕(圆形中心符号线)：将中心符号线插入到圆或圆弧的圆周阵列。它可以为圆周阵列选择圆周线、径向线、基体中心符号及显示属性。

(4) 【显示属性】选项：设置中心符号线的显示属性。

【使用文档默认值】复选框：取消选中该复选框可以更改在【工具】|【选项】|【文档属性】|【出详图】中所设定的属性。

【符号大小】选项：符号大小是从中心点到中心符号线一端的距离。

【延伸直线】选项：显示延伸的轴线，可以拖动延伸线来调整大小。

【中心线型】选项：以中心线型显示中心符号线。

(5) 【角度】选项：设置符号线的角度。

(6) 【图层】选项：设置符号线图层。

可以将尺寸标注到水平线、竖直线或圆形边线，生成竖直、水平或角度尺寸；还可以在两个中心符号之间或在一中心符号和另一实体之间标注尺寸。

2. 中心线

单击【注解】工具栏上的(中心线)按钮，弹出如图 7-34 所示的对话框，勾选【选择视图】选项，单击对应的视图，即可实现中心线的标注。

图 7-34　【中心线】对话框

7.6.4　孔标注

在工程图中添加孔标注符号，如果模型中孔尺寸变更，其符号将会自动更新。如果线性或圆周阵列中的孔在异型孔向导中生成，则实例数将包括在孔标注中。

当孔是由异型孔向导生成时，孔标注将使用异型孔向导信息。异型孔向导类型的默认格式存储在安装文件\lang\<语言>\calloutformat.txt 中。

1. 标注孔

(1) 单击【注解】工具栏上的(孔标注)按钮，或选择菜单栏中的【插入】|【注解】|【孔标注】命令，还可以右键单击图形区域，从快捷菜单中选择【注解】|【孔标注】命令。

(2) 单击小孔的边线，出现如图 7-35 左图所示的【尺寸】属性管理器。

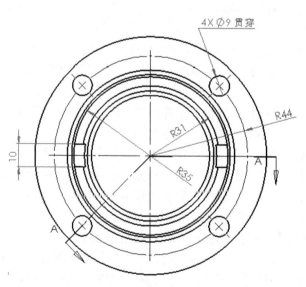

图 7-35　孔标注

(3) 移动鼠标到合适的位置单击，放置孔标注位置。

(4) 在属性管理器中输入要标注的尺寸大小以及说明文字等。

(5) 单击 ✔ 按钮，结束孔标注命令，如图 7-35 右图所示。

2. 编辑孔标注

单击孔标注符号，出现【尺寸】属性管理器。可以修改各项内容。如果要修改孔标注以添加公差/精度，可以采用下面的操作步骤：

(1) 在【公差/精度】选项的标注值中选择对应项目。

(2) 单击 ✔ 按钮，即可完成对公差/精度的添加。

7.6.5　基准特征

工程图中离不开基准特征符号，基准特征符号可以附加于以下项目：零件或装配体中的模型平面或参考基准面、工程视图中显示为边线(而非侧影轮廓线)的表面或者剖面视图表面、形位公差符号框、注释等。

1. 插入基准特征

插入基准特征的操作步骤如下：

(1) 单击"注解"工具栏上的基准特征符号 ⒶＡ，或者选择菜单栏中的【插入】|【注解】|【基准特征符号】命令，或右键单击图形区域，从快捷菜单中选择【注解】|【基准特征符号】命令，出现如图 7-36 所示的【基准特征】属性管理器。

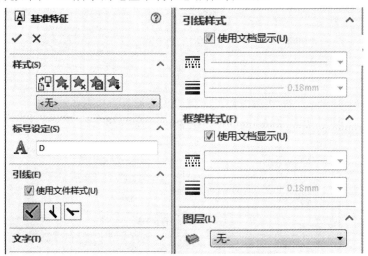

图 7-36　【基准特征】属性管理器

(2) 对如下属性进行设置：

① 【标号设定】栏：设定文字出现在基准特征框中的起始标号。

② 【引线】栏：选择【使用文件样式】复选框时，文件样式遵循在【工具】|【选项】|【文件属性】|【出详图】中指定的标准；取消选中该复选框可以选择不同的框和附加样式。

(3) 在图形区域，当预览处于应标注的位置时，单击放置基准特征符号。

(4) 单击 ✔ 按钮，关闭对话框，完成基准特征符号的标注，如图 7-37 所示。

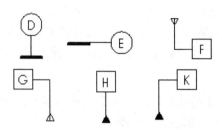

图 7-37　标注完成的基准特征符号

2. 编辑基准特征

编辑基准特征的操作步骤如下：

(1) 单击要编辑的基准特征符号，出现【基准特征】属性管理器，更改各选项。

(2) 单击 ✔ 按钮，完成对基准特征的编辑。

(3) 将指针指向基准特征符号，当指针变为形状 时，可拖动基准符号。

7.6.6　表面粗糙度

使用表面粗糙度符号可以指定零件面的表面纹理。在 SolidWorks 中的零件、装配体或者工程图文件中选择面，可添加表面粗糙度符号。

1. 表面粗糙度属性

单击【注解】工具栏上的表面粗糙度符号 √，出现如图 7-38 所示的【表面粗糙度】属性管理器。

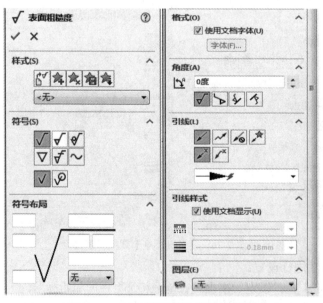

图 7-38　【表面粗糙度】属性管理器

下面介绍【表面粗糙度】属性管理器中各选项的含义。

1)【样式】选项

【样式】选项与【注释】属性管理器中的相同。

2)【符号】选项

从【符号】选项清单中选择一种表面粗糙度符号。其各选项含义见表7-2。

表7-2 表面粗糙度符号含义

符 号	说 明
√	基本
✔	要求切削加工
✔	禁止切削加工
∨	本地
⌀	全周
▽	JIS 基本
✔	需要 JIS 切削加工
~	禁止 JIS 切削加工

3)【符号布局】选项

表面粗糙度最大值和最小值分别标注在图 7-39 的 a、b 处。表面质地的最高与最低点之间的间距标注在 c 处。d 处标注加工或热处理方法代号，e 处标注样件长度即取样长度。f 为其他粗糙度值。指定加工余量标注在 g 处。

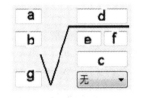

图 7-39 表面粗糙度参数

4)【格式】选项

【使用文档字体】复选框：为符号和文字指定不同的字体。

5)【角度】选项

(角度)：为符号设定旋转角度。正的角度方向为逆时针旋转。

设定旋转方式：√表示竖立，表示旋转 90°，表示垂直，表示垂直(反转)。

6)【引线】选项

在【引线】选项中可选择引线样式与箭头样式。具体引线样式见表7-3。

表7-3 引 线 样 式

符号	名 称	备 注
↗	引线	
↗	多转折引线	
⊘	无引线	
★	自动引线	如果选取模型或草图边线之类的实体，则自动插入引线
✗	直引线	
✗	弯引线	

7)【图层】选项

选择图层名称，可以将符号移动到该图层上。选择图层时，可以在带命名图层的工程图中选择图层。

2. 插入表面粗糙度符号

表面粗糙度符号可以用来标注粗糙度高度参数代号及其数值，单位为 μm(微米)。如果要插入表面粗糙度符号，则其操作步骤如下：

(1) 单击【注解】工具栏上的表面粗糙度符号 √，或者选择菜单栏中的【插入】|【注解】|【表面粗糙度符号】命令，或右键单击图形区域，从快捷菜单中选择【注解】|【表面粗糙度】命令。

(2) 在属性管理器选择所需选项。

(3) 当表面粗糙度符号预览在图形中处于所需边线时，单击以放置符号。

(4) 根据需要单击多次以放置多个相同符号。使用表面粗糙度命令生成的注解如图7-40 所示。

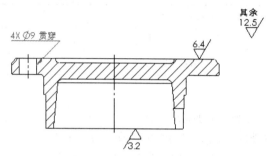

图 7-40　表面粗糙度注释

3. 编辑表面粗糙度符号

编辑表面粗糙度的操作步骤如下：

(1) 单击表面粗糙度符号，出现属性管理器。更改各选项或参数值，单击 ✔ 按钮，完成表面粗糙度内容的修改。

(2) 带有引线或未指定边线或面的粗糙度符号，可拖动到工程图任何位置。

(3) 指定边线标准的表面粗糙度符号，只能沿模型拖动，拖离边线时将自动生成一条细线延伸线。

(4) 用标注多引线注释的方法，可以生成多引线表面粗糙度。

7.6.7　形位公差

形位公差符号可以放置于工程图、零件、装配体或草图中的任何地方，可以显示引线或不显示引线，并可以附加符号于尺寸线上的任何地方。形位公差符号的属性对话框可根据所选的符号而提供多种选择。

单击【注解】工具栏上的形位公差符号，或选择菜单栏中的【插入】|【注解】|【形位公差】命令，还可以右键单击图形区域，从快捷菜单中选择【注解】|【形位公差】命令，出现如图 7-41 所示的【形位公差】属性管理器。其各选项的含义说明如下：

【样式】选项：与【注释】属性管理器中的相同。

【引线】选项：显示可用的形位公差符号引线类型。

【角度】选项：设定旋转角度。

【格式】选项：用来设置字体。

【图层】选项：设置图层名称，并将符号移到该图层上。

图 7-41 【形位公差】属性管理器

1. 生成形位公差符号

生成形位公差符号的操作步骤如下：

(1) 单击工具栏上的形位公差符号▣▣，出现如图 7-42 所示的形位公差【属性】对话框。

图 7-42 形位公差【属性】对话框

(2) 在形位公差【属性】对话框中，选择形位公差项目符号，在公差栏中输入公差值。

(3) 当预览处于被标注位置时，单击以放置形位公差符号。根据需要单击多次以放置多个相同符号。

(4) 单击【确定】按钮，关闭对话框，完成标注，如图 7-43 所示。

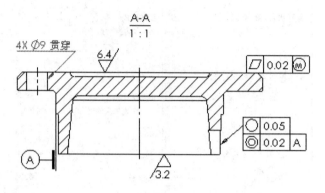

图 7-43　生成形位公差

形位公差【属性】对话框中各选项的含义说明如下：

【符号】选项：利用该选项可以选择要插入的符号。

【公差】选项：利用该选项可以为公差 1 和公差 2 键入公差值。

【主要】、【第二】、【第三】选项：为主要、第二及第三基准输入基准名称与材料条件符号。

【框】选项：利用该选项可以在形位公差符号中生成额外框。

【组合框】选项：利用该选项可以输入数值和材料条件符号。

2. 编辑形位公差

(1) 在【属性】对话框中编辑。将指针指向形位公差符号，双击符号，或右键单击形位公差符号，从快捷菜单中选择【属性】命令。在【属性】对话框中更改各选项或参数值，单击【确定】按钮，完成编辑。

(2) 拖动形位公差。单击选择形位公差框格，拖动形位公差框格到指定位置。

(3) 拖动形位公差指引线。选择形位公差符号，将指针指向引线的拖动控标，将引线拖动到指定位置。

(4) 生成多引线。按住 Ctrl 键，并拖动引线控标来为现有的符号添加更多引线。

生成多引线平面度公差时，可先标注单引线的平面度公差，然后按住 Ctrl 键，并拖动箭头到所需位置，即可生成第二条引线。

7.6.8　焊接符号

在零件、装配体或工程图文件中可以独立构造焊接符号。在生成或编辑焊接符号时，可以将焊接信息添加到某些类型(如方形或斜面)的焊接符号中。

1. 插入焊接符号

插入焊接符号的操作步骤如下：

(1) 在视图中选择需要插入焊接符号的边线。

(2) 单击【注解】工具栏中的 按钮，或选择菜单栏中的【插入】|【注解】|【焊接符号】命令，出现如图 7-44 所示的焊接符号【属性】对话框。

图 7-44 焊接符号【属性】对话框

(3) 根据需要选择是否采用现场焊接，若采用则在符号预览框中显示现场焊接符号。

(4) 输入焊接数值并选择符号和选项。

(5) 单击【焊接符号】按钮，在下拉框中选择焊接符号类型。

(6) 在轮廓形状清单中选择【凸的】选项，单击想表明焊接接点的面或边线。如果焊接符号带引线，则单击以先放置引线，然后单击以放置符号。

(7) 单击【确定】按钮，完成标注。

2. 编辑焊接符号

编辑焊接符号的操作步骤如下：

(1) 要编辑现有符号的内容，可双击该符号，或右键单击该符号，然后从快捷菜单中选择【属性】命令，在弹出的对话框中更改各项内容。

(2) 要编辑符号的位置，可先选择符号，出现拖动控标。当指针指向焊接符号箭头时，出现焊接符号的形状，拖动箭头。再将指针指向焊接符号，出现焊接符号的形状时，也将其拖动到指定位置。

(3) 单击【确定】按钮，即可完成焊接符号的编辑。

7.6.9 块

用户可以为经常使用的工程图项目生成、保存并插入块，例如标准注释、标题栏、标签位置等。块可以包括文字、除点之外的任何类型的草图实体、零件序号(除层叠零件序号之外)、输入的实体和文字以及区域剖面线。

用户可以将块附加到几何体或工程视图中，还可以将块插入到图纸格式中。块只能用于工程图文件中。

1. 块定义

块定义的操作步骤如下:

(1) 在工程图中,单击【注解】工具栏上的 A 按钮(制作块),或选择菜单中的【工具】|【块】|【新建】命令。

(2) 单击草图绘制工具绘制块的实体,单击注释工具添加相应的注释。

(3) 定义插入点及引线插入点,在【块】下拉菜单中选择【保存块】命令,系统会自动添加扩展名".sldsym"并将块保存起来。

2. 插入块

插入块的操作步骤如下:

(1) 单击【注解】工具栏上的 A 按钮,或选择菜单栏中的【注解】|【块】命令。

(2) 在打开的如图 7-45 所示的【插入块】属性管理器的【要插入的块】栏中选择一个块或浏览到一个文件。

【浏览】按钮:允许浏览到一个块文件(.sldblk、.sldsym、.dwg、.dxf)。

【链接到文件】复选框:选择该复选框,将对原始文件所做的更改扩展到块的所有实例。

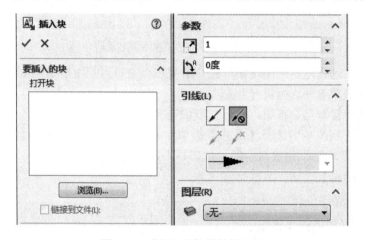

图 7-45 　【插入块】属性管理器

(3) 对其他选项进行设置,含义说明如下:

① 【参数】选项:可指定比例和角度。插入块时将维持它们保存时的比例和角度。

(比例):设置一个值以相对于当前草图调整块。

(角度):设置一个值以更改块的插入角度。

② 【引线】选项:设定插入块的引线属性。

引线有一定位点(端点定位到块)及附加点(端点附加到模型或工程图纸)。用户可将引线添加到块实例,也可将引线定位点在块中任何地方拖动。

(引线):利用该选项可以应用引线到块。

(无引线):利用该选项可以不应用引线到块。

(直引线):利用该选项可以应用直引线到块。

(折弯引线):利用该选项可以在引线开头应用水平线段。

箭头样式列表:应用箭头样式到引线。

③ 【图层】选项：选择一适用于块引线和箭头的图层，将符号移动到该图层上。

(4) 在图形窗口的合适位置单击来放置块。

(5) 重复步骤(2)～(4)，然后单击 ✔ 按钮，完成块的插入操作。

7.6.10 材料明细表

装配体工程图中需要放置材料明细表，并标注零件的序号。下面说明具体的设置方法。

1. 零件序号

在 SolidWorks 工程图文件中可以生成零件序号，零件序号用于标记装配体中的零件，并将零件与材料明细表(BOM)中的序号相关联。单击【注解】工具栏上的 🔎(零件序号)按钮，或选择菜单栏中的【插入】|【注解】|【零件序号】命令，出现如图 7-46 所示的【零件序号】属性管理器，同时在光标上出现零件序号符号。

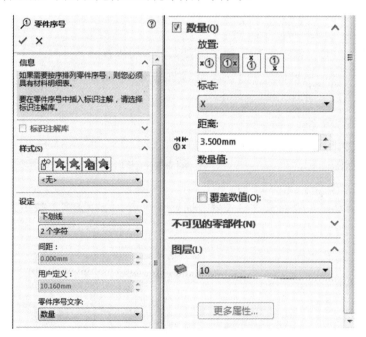

图 7-46 【零件序号】属性管理器

属性管理器中各选项的含义如下：

(1) 【样式】栏：从清单中选择一零件序号形状和边界的样式。无样式将显示不带边界的零件序号文字。

(2) 【设定】栏：从清单中选择一大小尺寸，要么是指定的字符数量，要么是根据文字自动调整的紧密配合。

【零件序号文字】选项：为零件序号选择文字类型。这些文字类型包括：

· 文字(不可为自动零件序号使用)：在零件序号中键入自定义文字。

· 项目号：材料明细表中的项目号。

· 数量：此项目在装配体中的数量。

(3) 【数量】栏：如果在装配体中有一个以上零部件实例，可在工程图的零件序号之外设定数量。数量随参数更新。

· 【放置】选项：在零件序号的左侧 ×① 、右侧 ①× 、顶部 ⫶① 或底部 ①⫶ 显示数量。

· 【距离】选项：材料明细表中的项目号。

· 【数量值】选项：此项目在装配体中的数量。

· 【覆盖数值】选项：覆盖零件序号的数量。

(4) 【图层】栏：将零件序号应用到指定的图层。

1) 插入零件序号

设置完成各属性之后，单击工程装配图中各零件表面，被选中的零件上标注了零件序号，再单击 ✔ 按钮，即可结束零件序号标注。

使用时，用户可插入多个零件序号而不必关闭【零件序号】属性管理器，并根据需要更改属性管理器的设置，然后单击图形区域来放置零件序号。

2) 改变零件序号位置

改变零件序号位置的操作步骤如下：

(1) 选中零件序号，拖动鼠标，将其放置到合适的位置。

(2) 按住 Ctrl 键，用鼠标选取 1、2、3 零件序号，再单击【对齐】工具栏上的对齐按钮，三个零件序号将在水平方向上对齐。

3) 修改零件序号

修改零件序号的操作步骤如下：

(1) 单击工程图中标注的零件序号，在窗口左面出现零件序号对话框，单击【更多属性】按钮，出现如图 7-47 所示的【注释】属性管理器。

(2) 在该对话框中可以设置指引线端点的箭头样式、注释文字、数字大小等。单击 ✔ 按钮，完成零件序号的修改。

图 7-47　【注释】属性管理器

2. 自动零件序号

自动零件序号命令可以在一个或多个工程图视图中插入一组零件序号。零件序号会自动插入到适当的视图中，而且不会重复。

插入零件序号的操作步骤如下：

(1) 单击【注解】工具栏上的自动零件序号按钮 🔊，或选择菜单栏中的【插入】|【注解】|【自动零件序号】命令，此时会出现如图 7-48 所示的【自动零件序号】属性管理器。

(2) 在属性管理器中的【零件序号布局】栏，设置零件序号布局的布局方式。

(3) 根据需要选择【忽略多个实例】复选框，此时会为带有多个实例的零部件给出一个实例应用零件序号。

(4) 在【零件序号设定】栏设置零件序号的样式、大小以及零件序号文字等。

【间距】选项：从清单中选择一大小尺寸，或是指定的字符数量，或是根据文字自动调整的紧密配合。

【零件序号文字】选项：从清单中为零件序号选择文字类型。这些文字类型主要包括：

・文字(不可为自动零件序号使用)：在零件序号中键入自定义文字。

・项目号：材料明细表中的项目号。

・项目数：此项目在装配体中的数量。

(5) 单击 ✔ 按钮，零件序号会自动放在视图边界外，且引线不相交，如图 7-49 所示。

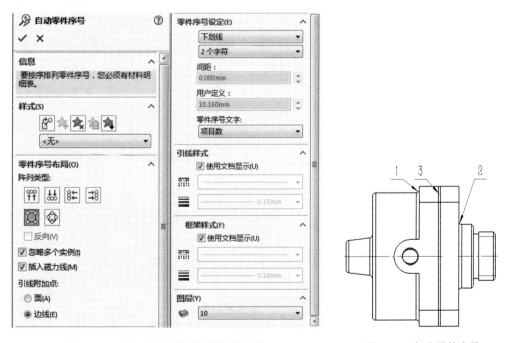

图 7-48 【自动零件序号】属性管理器　　　　图 7-49 自动零件序号

提示：关闭【自动零件序号】属性管理器后，就不可再将之打开来更改零件序号的布局(方形、圆形等)，但可删除零件序号或撤消自动零件序号指令，然后再重新插入零件序号。

3. 成组零件序号

成组的零件序号每组只有一个引线。零件序号可以竖直或水平层叠。装配体的工程图以及装配体文件中可以插入成组的零件序号。如果更改成组零件序号中的项目号，则材料明细表中的项目号也会更改。

用户可以插入成组零件序号而不选择零部件，这样可给属于装配体一部分但没实际造型的项目添加注解。生成成组零件序号的操作步骤如下：

(1) 选择菜单栏中的【插入】|【注解】|【成组的零件序号】命令，出现【成组的零件序号】属性管理器。

(2) 设置每行的零件序号(例如 4)，表示单击工程装配图中的零件表面可连续生成多个零件序号，这些零件序号以行或列排列，每行(列)4 个。

(3) 在零部件上选择零件序号引线被附加的点，然后再次单击来放置第一个零件序号。出现引线和第一件序号。

注意：当插入成组的零件序号时，必须停留在实体上以高亮显示实体并附加引线。引线只在停留在实体上时才出现。这样，引线和高亮显示的实体不会阻挡观看模型或工程图视图。

(4) 继续选择零部件。零件序号添加到每个所选零部件的组。当添加成组的零件序号时，可用右键单击组中的任何零件序号，选择层叠方向，然后选择新的层叠方向。

(5) 单击 ✔ 按钮，即可结束零件序号标注，如图 7-50 所示。

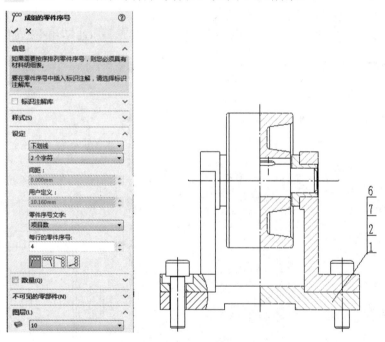

图 7-50　成组的零件序号

如要在另一零件表面生成成组的零件序号，一定要再单击【注解】工具栏上的按钮 ，执行成组的零件序号命令。

当插入成组的零件序号到工程图或装配体文件时，或当选择一现有成组的零件序号时，打开【成组的零件序号】属性管理器。属性对所选零件序号适用。

【成组的零件序号】属性管理器中【设定】栏几个选项的含义说明如下：

【零件序号文字】选项：从清单中为零件序号选择文字类型。

【每行的零件序号】选项：设置一行层叠的零件序号量。

同零件序号一样，也可以改变成组零件序号的位置和特性，这里不再赘述。

4. 磁力线

磁力线是将零件序号以任意角度沿直线对齐的一种便捷方式。在工程图中，可以将零件序号附加到磁力线、选择零件序号的间距是否相等以及按任意角度自由移动线。在工程图中，单击工具栏上的磁力线按钮，或单击菜单栏中的【插入】|【注解】|【磁力线】命令，系统弹出属性管理器，同时可以在工程图中绘制磁力线。将零件序号对齐到磁力线，如图 7-51 所示。

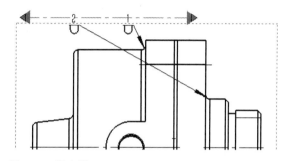

图 7-51　磁力线

5. 材料明细表的定位点

添加材料明细表的操作步骤如下：

(1) 单击【注解】工具栏中的【表格】|【材料明细表】命令，选择一视图为材料明细表指定模型，系统弹出如图 7-52 所示的【材料明细表】属性管理器，视图区将生成可自由移动的材料明细表。

A	B	C	D	E	F
7	1-7	M8 x 35	4		ISO 4762
6	1-6	轮子	1	45	
5	1-5	键	1	45	
4	1-4	轴	1	45	
3	1-3	轴承	2	GCr15	
2	1-2	支架	2	Q235A	
1	1-1	底板	1	Q235A	
序号	零件代号	零件名称	数量	材料	说明

图 7-52　材料明细表

(2) 在工程图目录树中选择【图纸格式 1】中的【材料明细表定位点 1】，右键单击选择【设定定位点】命令(如图 7-53 所示)，可以将明细表的定位点定在指定点上。在特征管理器中右键单击【图纸格式】，选择【编辑图纸格式】命令，可回到原工程图。

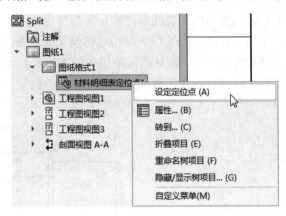

图 7-53　材料明细表的定位点

(3) 单击需要修改的单元格，输入新值，编辑明细表中的内容。

(4) 移动箭头到需调整的明细表单元格界线，当鼠标箭头呈 ↔ 形状时，即可拖动调整单元格的宽度，单击明细表以外区域，完成调整。

7.7　工程图实例

生成工程图的操作内容包括：打开工程图模板、生成工程视图、导入模型尺寸、添加中心符号线与中心线、标注尺寸及公差、插入基准特征符号、插入形位公差符号、插入注释等。装配图需要插入零件序号及材料明细表。

实例 1：将图 7-54 所示的轴零件转为工程图。

图 7-54　轴

操作与提示：

(1) 进入 SolidWorks，打开模型文件，单击菜单栏中的【新建文件】的下拉列表，选择【从零件/装配图制作工程图】命令，此时会弹出【新建 SOLIDWORKS 文件】对话框(如图 7-55 所示)，选择图纸大小，单击【确定】按钮，完成图纸设置。

(2) 此时在图形窗口右侧会出现所有视图，选择上视并拖到图纸中合适的位置。拖动鼠标，生成投影视图，如图 7-56 所示。

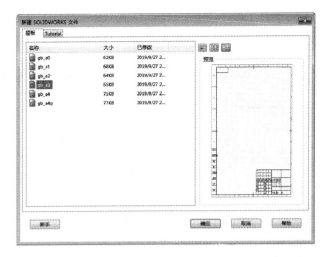

图 7-55　【新建 SOLIDWORKS 文件】对话框

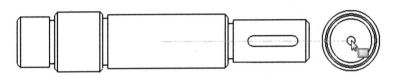

图 7-56　视图模型

(3) 选择菜单栏中的【工具】|【选项】命令，在弹出的对话框中选择【文档属性】标签，然后在左侧的列表中选择【出详图】，如图 7-57 所示。设置选项之后单击【确定】按钮。

图 7-57　视图设定

(4) 单击工具栏上的 ↕(剖面视图)按钮，在出现的【剖面视图】对话框中选择竖直剖切线并在剖切位置定位，如图 7-58(a)所示。单击 ✔ 按钮，在弹出的属性管理器中勾选【横

截剖面】，如图 7-58(b)所示。然后单击 ✔ 按钮，得到剖面视图。右键单击剖面视图，在快捷菜单中选择【视图对齐】|【解除对齐关系】命令，移动剖视图到主视图下方。

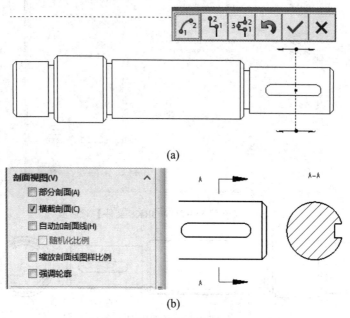

(a)

(b)

图 7-58　剖面视图

(5) 单击工具栏上的 ⒸA(局部视图)按钮，指针呈 形状，在视图中需放大的位置画圆，出现局部视图属性管理器，设定参数，拖动鼠标产生局部视图，如图 7-59 所示。

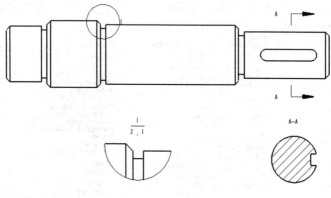

图 7-59　局部视图

(6) 单击工程图工具栏上的断开的剖视图按钮，指针变为 。在轴端绘制一闭合轮廓。在【剖面视图】对话框中设定选项，选择深度，单击确定。

(7) 单击工程图工具栏上的断裂视图按钮，在属性管理器中设定切除方向、缝隙大小，拖动断裂线到所需位置，单击确定，如图 7-60 所示。

(8) 选择菜单栏中的【插入】|【模型项目】命令，出现【模型项目】属性管理器，设置各参数，单击设计树中的 ✔ 按钮，这时会在视图中自动显示尺寸。在视图中单击选取要移动的尺寸，按住鼠标左键移动光标位置，即可在同一视图中动态地移动尺寸位置。删除多余的尺寸，选择菜单栏中的【工具】|【标注尺寸】|【智能尺寸】命令，标注视图中的尺

寸，结果如图 7-61 所示。

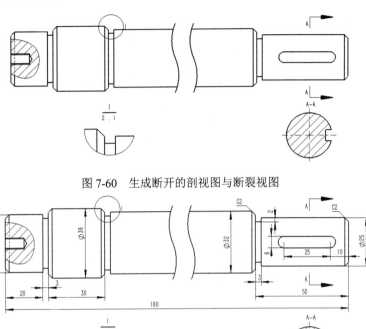

图 7-60　生成断开的剖视图与断裂视图

图 7-61　导入模型尺寸

选择要移动的尺寸同时按住鼠标左键，然后按住 Shift 键，移动光标到另一个视图释放鼠标左键，即可完成尺寸在视图间的移动。

(9) 单击【注解】工具栏上的⊕(中心符号线)按钮，添加中心符号线；单击【注解】工具栏上的⊟(中心线)按钮，添加中心线；单击【注解】工具栏上的⊔∅(孔标注)按钮，标注螺纹孔，完成视图其余尺寸的标注；接着标注基准及形位公差，最后标注表面粗糙度。最终结果如图 7-62 所示。

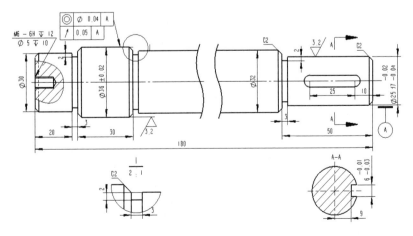

图 7-62　调整尺寸标注公差粗糙度

实例 2：将图 5-17 所示的阀体零件转为工程图。

操作与提示：

(1) 打开模型文件，单击菜单栏中的【新建文件】的下拉列表，选择【从零件/装配图制作工程图】命令，在打开的对话框中选择图纸大小，完成图纸设置。

(2) 此时在图形窗口右侧会出现所有视图，选择上视并拖到图纸中合适的位置，生成主视图，如图 7-63 所示。

(3) 单击工具栏上的 ♯ (剖面视图)按钮，在出现的【剖面视图】对话框中选择剖切线并在剖切位置定位，单击 ✔ 按钮，在弹出的属性管理器中单击 ✔ 按钮得到剖面视图，如图 7-64 所示。

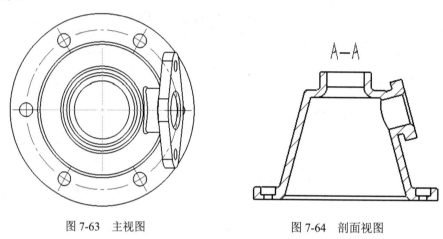

图 7-63　主视图　　　　　　　　　　图 7-64　剖面视图

(4) 单击工具栏上的 ⓒA (局部视图)按钮，指针呈 ✐ 形状，在视图中需放大的位置画圆，出现局部视图属性管理器，设定参数，拖动鼠标产生局部视图。

(5) 单击工具栏上的 ⟲ (辅助视图)按钮，或选择菜单栏中的【插入】|【工程视图】|【辅助视图】命令，出现【辅助视图】对话框及属性管理器。设定参数，移动指针，单击放置视图，如图 7-65 所示。

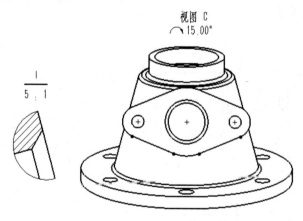

图 7-65　剖面视图与辅助视图

(6) 在辅助视图上画一个封闭的轮廓，如图 7-66 所示。单击【工程图】工具栏上的 按钮，实现剪裁视图。

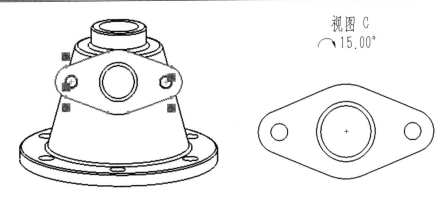

图 7-66　剪裁视图

(7) 选择菜单栏中的【插入】|【模型项目】命令，出现【模型项目】属性管理器，设置各参数，单击 ✔ 按钮，视图中自动显示尺寸。删除多余的尺寸，标注视图中部分尺寸，结果如图 7-67 所示。

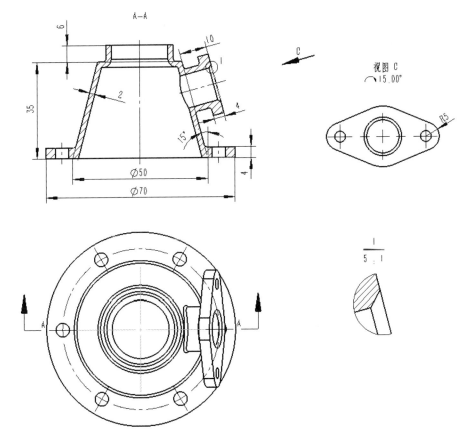

图 7-67　导入模型尺寸

(8) 单击【注解】工具栏上的 ⊕(中心符号线)按钮，添加中心符号线；单击【注解】工具栏上的 ⊟(中心线)按钮，添加中心线；单击【注解】工具栏上的 ⊔⌀(孔标注)按钮，标注孔，完成视图其余尺寸的标注。最后结果如图 7-68 所示。

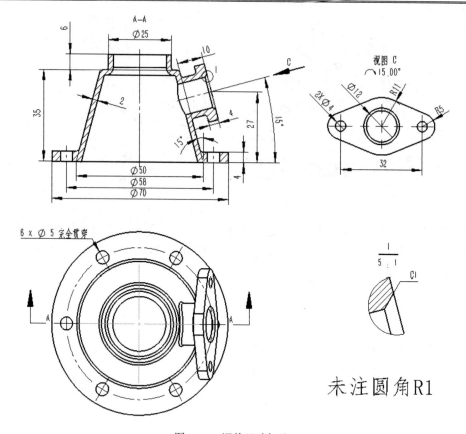

图 7-68　调整尺寸标注

练　习　题

建立相应的零件模型，生成工程图，如图 7-69 所示。

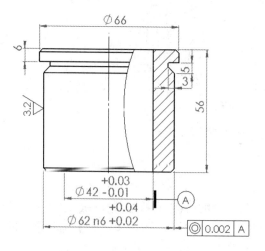

(1)

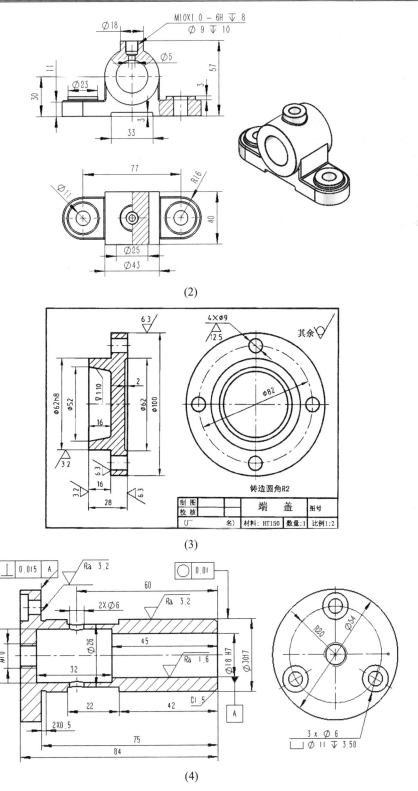

(2)

(3)

(4)

图 7-69 工程图练习

参 考 文 献

[1]　陈超祥，胡其登. SolidWorks 零件与装配体教程[M]. 北京：机械工业出版社，2016.

[2]　陈超祥，胡其登. SolidWorks 工程图教程[M]. 北京：机械工业出版社，2016.

[3]　魏峥. SolidWorks 应用与实训教程[M]. 北京：清华大学出版社，2015.

[4]　吴彦农，康志军. SolidWorks 2005 基础教程[M]. 北京：机械工业出版社，2005.

[5]　成大先. 机械设计手册[M]. 6 版. 北京：化学工业出版社，2016.

[6]　Dassault Systèmes. SOLIDWORKS Web Help. http://help.solidworks.com.